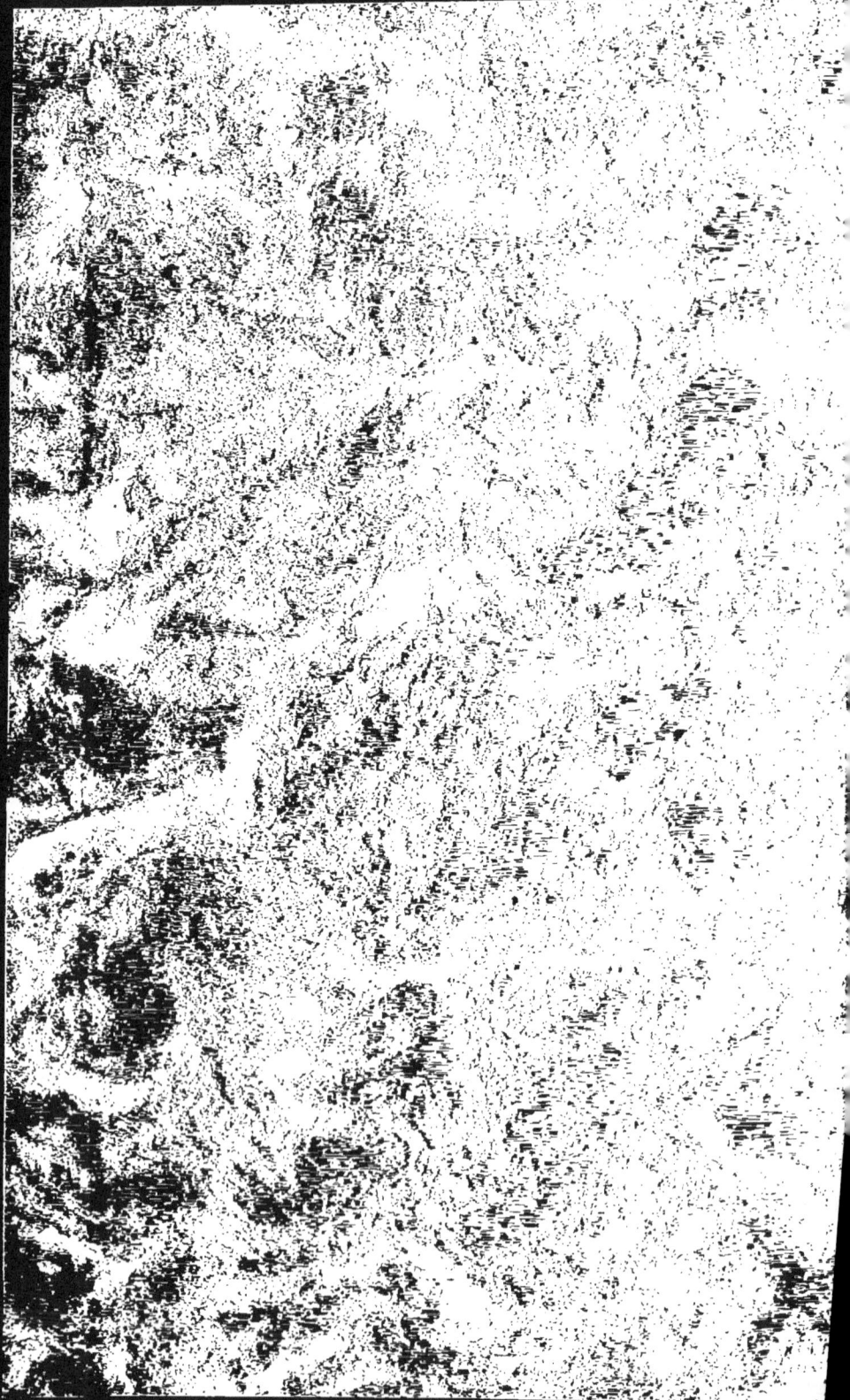

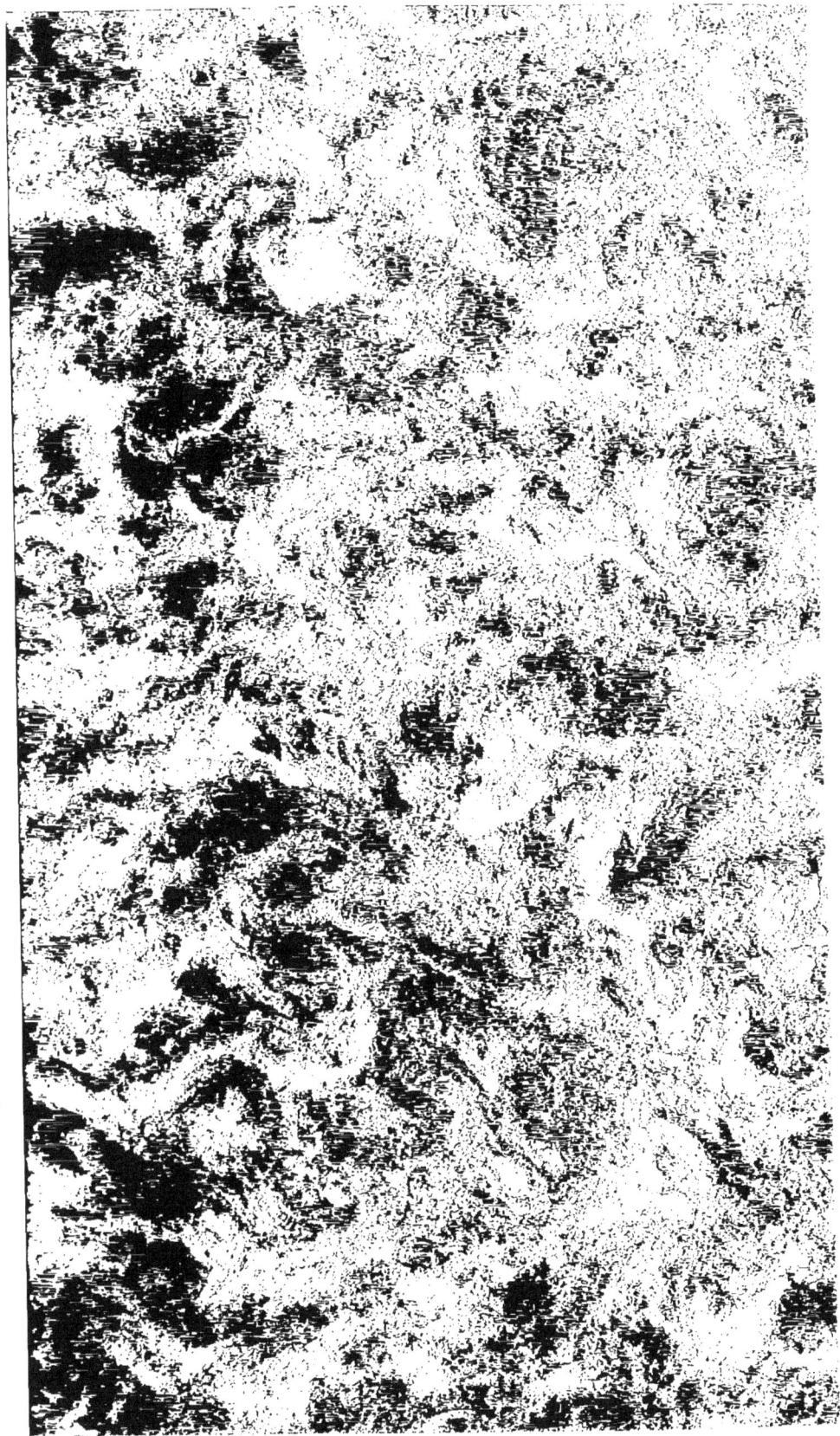

DEUXIÈME ÉDITION

ENTRETIENS FAMILIERS

SUR LA

COSMOGRAPHIE

PAR

M. AUDOYNAUD

Officier d'Académie

BIBLIOTHÈQUE

D'ÉDUCATION ET DE RÉCRÉATION

J. HETZEL ET Cⁱᵉ, 18, RUE JACOB

PARIS

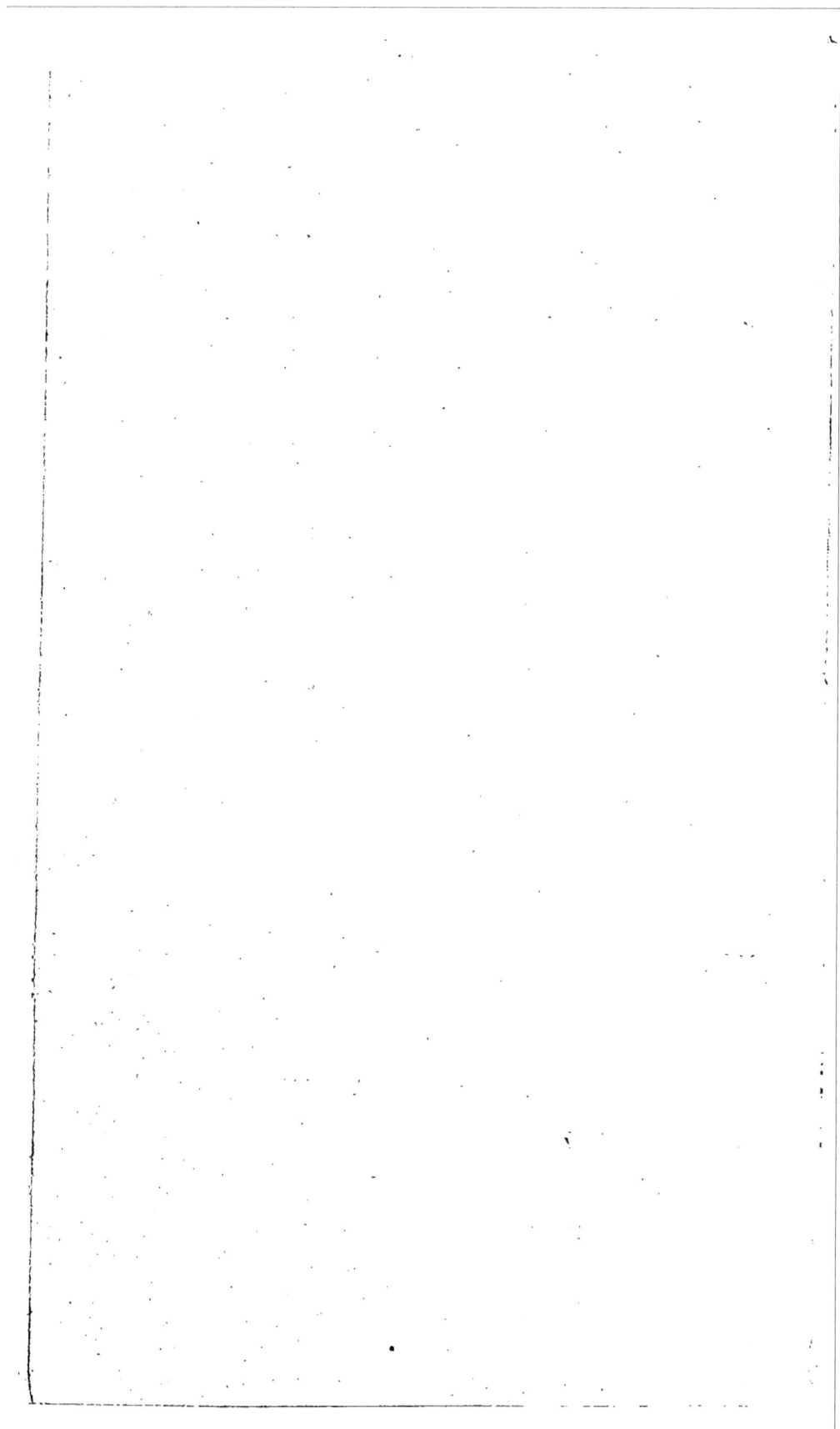

ENTRETIENS FAMILIERS

SUR LA

COSMOGRAPHIÉ

C

PARIS. — TYPOGRAPHIE LAHURE

Rue de Fleurus, 9

ENTRETIENS FAMILIERS

SUR LA

COSMOGRAPHIE

PAR

M. AUDOYNAUD

Officier d'Académie

DEUXIÈME ÉDITION

BIBLIOTHÈQUE

D'ÉDUCATION ET DE RÉCRÉATION

J. HETZEL ET CIE, 18, RUE JACOB
PARIS

INTRODUCTION

Au mois d'août 1875, je m'étais installé avec ma famille, pour y passer les vacances, au petit village de Saint-B...; nous y avions pour plus proches voisins Mme D.... et son fils Albert, alors âgé de seize ans, qui venait d'achever sa seconde au lycée de P.... Presque tous les soirs, ils se joignaient à nous et nous faisions une promenade qui se prolongeait souvent jusqu'à la nuit. Ordinairement, les dames et les enfants formaient un premier groupe, Albert et moi nous fermions la marche.

Le jeune lycéen était très-heureusement doué; il possédait une imagination vive et une excellente mémoire; il avait, du reste, beaucoup et bien lu, et son esprit était déjà très-orné. Les sciences lui étaient, il est vrai, à peu près étrangères : un peu d'arithmétique et un peu de géométrie, tel était tout

1

son petit bagage scientifique. Mais il avait le plus
grand désir de l'accroître : tous les phénomènes
naturels, et surtout ceux qui se rapportent à la constitution de l'univers, l'intéressaient vivement. A
chaque instant, il me demandait de les lui expliquer,
et je me faisais un vrai plaisir de satisfaire sa curiosité. Une fois, notre conversation avait roulé sur
la Voie lactée, que l'on appelle vulgairement le Chemin de Saint-Jacques ; j'avais essayé d'entr'ouvrir
devant mon enthousiaste élève le grand livre de la
Nature, j'avais déchiré un petit coin du voile qui
nous cache l'espace infini où gravitent en silence
des mondes innombrables : Albert avait été émer-
veillé et m'avait supplié de consacrer dorénavant
nos promenades à des entretiens suivis sur la Cosmographie ; vous pensez bien que je cédai facilement
à un si pressant et si louable désir.

J'ai reproduit dans cet ouvrage, aussi scrupuleu-
sement que possible, ces entretiens familiers, es-
pérant, ami lecteur, qu'ils vous initieraient sans
fatigue et bien plus facilement qu'un traité classique,
à cette science qui offre à l'homme intelligent le
champ le plus vaste et le plus noble pour exercer sa
pensée.

ENTRETIENS FAMILIERS

SUR LA

COSMOGRAPHIE

PREMIÈRE SOIRÉE

La Terre. — Elle est isolée dans l'espace. — Elle est convexe.
— Elle est sensiblement sphérique. — Son rayon. — Sa surface.
Son volume.

Le lendemain, Albert arriva de bonne heure.

— Eh bien, s'écria-t-il en m'abordant, la soirée est magnifique, il n'y a pas un nuage au ciel; quand le soleil aura disparu, nous pourrons facilement observer les astres; vous m'apprendrez leurs noms, n'est-ce pas?

— Mon ami, lui répondis-je, les premiers hommes qui se sont occupés d'astronomie ont dû borner leurs études à la contemplation du ciel; ils ont compté, ils ont groupé ces brillantes étoiles qui tapissent la voûte céleste; mais de nos jours l'Astronomie, ou pour employer un mot plus modeste, la Cosmographie, a pour objet la description de l'univers, l'exposition des lois auxquelles obéissent les mondes qui gravitent dans l'espace. Le vulgaire peut croire versé dans cette science celui qui connaît les noms des étoiles et leurs positions sur la voûte des cieux; nous, nous lui demandons davantage; nous exigeons qu'il ait une connaissance aussi approfondie que possible de la nature des corps célestes, de leurs distances respectives, de leurs masses, de leurs volumes, des mouvements qui les animent, en un mot, qu'il possède une idée exacte de la structure de l'univers.

Je vous parlerai d'abord de la Terre, celui des mondes que Dieu nous a assigné pour demeure ; il a, ce me semble, quelque droit de priorité dans notre étude. D'ailleurs, avant d'observer, ne doit-on pas commencer par visiter son observatoire?

Vous savez certainement que la Terre n'est pas, comme elle le paraît au premier abord, une vaste plaine, mais qu'elle est isolée dans l'espace?

— C'est hors de doute, dit Albert, les voyages de circumnavigation le prouvent clairement. N'a-t-on pas fait bien des fois le tour du monde en différents sens ? Je lisais dernièrement que le premier navigateur qui eut assez de hardiesse pour tenter un si long voyage est un Portugais du nom de Magalhaens, en français Magellan. Avec cinq vaisseaux que lui confia Charles-Quint, il partit de Séville en 1519, se dirigea vers l'ouest, arriva en Amérique devant Rio-Janeiro, descendit vers le sud, hiverna sur les côtes des Patagons, traversa le détroit qui porte son nom, et arriva en 1521 aux Philippines, où il trouva la mort dans un combat contre les sauvages. S'il eût pu achever son voyage, il serait donc revenu au point de départ. Cet isolement de la Terre est donc un fait indéniable ; j'avoue cependant qu'il m'est difficile de comprendre comment notre globe peut ainsi rester suspendu dans l'espace.

— Il n'est d'abord pas exact, répliquai-je, que la Terre soit immobile ; vous verrez qu'elle circule autour du Soleil. Maintenant, si vous observez le mouvement d'un boulet de canon projeté obliquement, vous vous rendrez facilement compte de ce phénomène. Le boulet, sollicité par son poids, tend à tomber à la surface du sol, mais il obéit aussi à sa vitesse d'impulsion ; alors il décrit dans l'air une courbe parabolique. De même la Terre tend constamment à se précipiter sur le Soleil ; mais en vertu d'une vitesse primordiale, elle est obligée de tourner autour de lui, semblable à la pierre qui, attachée à l'une des extrémités d'un fil, circule autour de la main qui tient l'autre extrémité et imprime au mobile son mouvement de rotation.

Quelle est donc la forme de notre globe ?

— Je sais d'abord qu'elle est bombée, ou autrement dit convexe, se hâta de répondre Albert. Les anciens qui appelaient l'Océan une plaine liquide, n'avaient sans doute pas remarqué qu'un vaisseau qui s'éloigne du rivage paraît s'enfoncer sous les eaux ; la carène disparaît avant les mâts ; si la mer était plane, ce serait

l'inverse qu'on observerait; les mâts et les voiles supérieures, en raison de leur ténuité, devraient les premiers échapper à la vue.

— Assurément, mon ami ; mais votre démonstration
deviendrait plus claire avec une figure. Traçons sur le

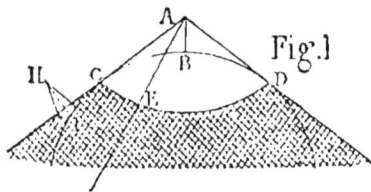

Fig. 1

sable le globe ICBD qui représentera la surface de la
Terre ; BA sera une personne assez élevée pour que sa
vue ne soit pas arrêtée par les objets environnants....
arbres, maisons, etc. Supposons qu'elle dirige des
rayons visuels AC, AE, AD.... le plus loin possible,
c'est-à-dire tangentiellement à la Terre ; vous voyez
bien que ces rayons détermineront une nappe de cône
ACED.... et que l'œil ne pourra atteindre un corps tel
que I, carcasse du vaisseau IH, qui sera placé sous
cette nappe au delà de la ligne CED.

Cette même figure va me servir à vous prouver que
notre globe est sensiblement *sphérique*. En effet, quelle
que soit la position de l'observateur sur la Terre, la
ligne CED qui termine la partie de sa surface que son
œil peut embrasser, et que l'on appelle communémeut
l'horizon (de ορζíω, je termine), est toujours une circonférence dont il occupe le centre. Eh bien, cette pro-

priété n'appartient qu'à la sphère [1]; sur une autre surface O', la ligne C'E'D' pourrait bien être circulaire pour

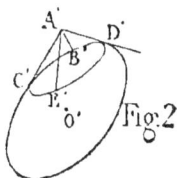

Fig. 2

quelques-uns de ses points, mais elle ne le serait pas
partout, au point B' par exemple.

— Mais, objecta mon élève, les continents présentent
des accidents de terrain considérables, la surface du
globe n'est bien unie qu'en mer. N'y a-t-il pas des montagnes de six à sept mille mètres de haut, comme certains pics de l'Himalaya et des Cordillères?

— C'est vrai ; néanmoins cela n'affecte en rien la
forme générale de la surface terrestre ; notre globe est
en effet si gros, que ses plus hautes montagnes sont à
peine comparables aux aspérités de la peau d'une orange.

Un mot de ma démonstration précédente avait cho-
qué Albert.

—Vous venez de me dire que cette ligne circulaire
qui paraît séparer le ciel de la Terre, porte communé-

1. On appelle sphère une figure telle que tous les points de sa
surface sont également distants d'un point intérieur qui en est le
centre. Les droites, toutes égales, qui vont du centre aux points de
la surface sont des rayons; un diamètre est une droite passant par
le centre et terminée à ses deux rencontres avec la surface.

ment le nom d'horizon ; ce n'est donc pas la définition scientifique de l'horizon ?

— Écoutez-moi, lui répondis-je. Il importe que chaque mot soit défini avec précision, pour qu'il ne laisse pas dans votre esprit de confusion et d'obscurité. Imaginez un corps lourd suspendu à l'extrémité d'un fil flexible, une petite balle de plomb au bout d'un fil de soie ; ce système prendra une position d'équilibre telle que, si on prolongeait le fil, sa direction irait sensiblement passer par le centre de la Terre. On dit que cette direction est *verticale*, et le système prend le nom de *fil à plomb*. Concevez maintenant un plan perpendiculaire à cette direction et passant par le point où elle rencontre le sol, et vous aurez l'*horizon* du lieu considéré [1]. (Je n'ai pas besoin de vous rappeler qu'une droite est perpendiculaire à un plan, lorsqu'elle est perpendiculaire à deux, et par suite à toutes les droites qu'on peut tracer par son pied dans le plan ; de telle sorte que, pour reconnaître si une droite est perpendiculaire à un plan, il suffit de mener par son pied deux droites quelconques dans le plan, et de vérifier avec une équerre si les angles formés par la droite avec chacune des deux dernières sont droits.)

Si par le centre de la Terre vous menez un plan parallèle à l'horizon dont je viens de parler, vous aurez l'*horizon rationnel* ou *astronomique* du même lieu. La

1. La surface d'un liquide dans un vase en repos est horizontale ; aussi, dit-on ordinairement que l'horizon d'un lieu est la surface des eaux tranquilles en ce lieu.

distance de ces deux horizons est d'un rayon terrestre; et quand ce rayon pourra être considéré comme infiniment petit par rapport aux longueurs qu'on lui comparera, les deux horizons se confondront.

— Je ne comprends pas du tout ! s'écria Albert. J'ai toujours entendu dire que la terre est immense, que son rayon est considérable.

— Certainement, lui répondis-je, quand nous le comparons aux longueurs que nous sommes habitués à mesurer ici-bas ; il est de seize cents lieues environ ; mais qu'est-ce que cette longueur par rapport aux distances qui nous séparent des étoiles? la plus proche de nous est à plus de dix millions de millions de lieues de la Terre. Quand nos regards plongeront dans l'immensité de l'espace, ce n'est pas avec le mètre que nous mesurerons ces distances effrayantes ; nous les estimerons en millions de millions de lieues ; alors le rayon de la Terre deviendra inappréciable; il sera imperceptible comme l'est, par exemple, un dix-millième de millième de mètre comparé à un mètre.

— La détermination du rayon de la Terre me paraît bien difficile. On n'a pu creuser un puits jusqu'à son centre ; n'ai-je pas entendu dire que notre globe est intérieurement fluide, et à une température si élevée qu'il est impossible de s'en faire une idée ; que la croûte terrestre est excessivement mince, d'une vingtaine de lieues d'épaisseur, que même elle se crevasse quelquefois et laisse échapper des laves vomies par les volcans?

— Sans doute. Aussi est-ce par des mesures faites à

1.

la surface de la Terre que l'on est parvenu à évaluer son rayon. Voyons, comment feriez-vous pour obtenir celui du tronc du beau peuplier que voici, sans le scier, bien entendu?

— Ah! je comprends maintenant. J'entourerais l'arbre d'un fil, je mesurerais la longueur de ce fil; et comme je sais qu'une circonférence quelconque vaut toujours son rayon six fois environ....

— Un peu plus, 6,28; six fois et les vingt-huit centièmes d'une fois.

— Je diviserais cette longueur par le nombre 6,28. On a donc agi de la même manière pour évaluer le rayon de la Terre?

— A peu près; mais comme il aurait été impossible de déterminer directement toute la longueur du tour de la Terre, on en a mesuré seulement quelques parties déterminées, un certain nombre de trois-cent-soixantièmes, c'est-à-dire de degrés [1]; ne me demandez pas aujourd'hui plus de détails sur cette opération géodésique des plus délicates; qu'il vous suffise de com-

---

1. La trois-cent-soixantième partie d'une circonférence s'appelle un degré; la soixantième partie d'un degré est une minute; la soixantième partie d'une minute est une seconde. Pour écrire des nombres de degrés, de minutes, de secondes on met à leur droite et en haut un zéro, une virgule, deux virgules. Ainsi, 38° 42′ 27″ signifie trente-huit degrés, quarante-deux minutes, vingt-sept secondes.

Si on décrit du sommet d'un angle comme centre, avec un rayon quelconque une circonférence, le nombre de degrés, minutes, secondes compris sur l'arc entre les côtés de l'angle est sa mesure. L'arc est-il de 38° 42′ 27″, on dit que l'angle est de 38° 42′ 27″.

prendre qu'elle est possible et de savoir qu'elle fut
exécutée par les géomètres les plus distingués du siècle
dernier, Maupertuis, Clairaut, la Condamine, Bouguer, Delambre, Méchain.... Ils trouvèrent que le quart
du tour de la Terre valait 5 130 740 toises ; et comme il
fut convenu, en 1799, de prendre pour unité de longueur ou mètre, la dix-millionième partie de ce nombre
ou 0 toise, 513 074, nous voyons que la circonférence
de la Terre vaut quatre fois 10 000 000 de mètres, ou
40 000 000 de mètres, ou 10 000 lieues de quatre kilomètres. Par suite, son rayon est de 1592 lieues, ou, en
nombre rond, 1600 lieues ; la géométrie donne alors
pour sa surface 32 000 000 de lieues carrées, et pour son
volume, 17 000 000 000 de lieues cubes.

— Que la Terre est immense ! s'écria Albert.

— Bientôt, répondis-je, vos idées se modifieront à
cet égard. Je vous l'ai déjà dit, si ces résultats vous
paraissent énormes, c'est que vous les comparez à ceux
que vous obtenez journellement. Mais tout dépend du
point de vue où l'on se place. Quand nous allons errer
dans les régions infinies de l'espace, notre globe s'anni-
hilera, il deviendra pour vous un simple grain de poussière. Il en coûtera bien un peu à votre amour-propre,
vous vous trouverez bien petit ; mais vous vous en con-
solerez en songeant que si ces hautes spéculations
nous font perdre le rang que nous croyions occuper
matériellement dans l'univers, elles rehaussent notre
âme, elles l'ennoblissent, elles lui donnent une juste idée
de sa puissance, elles lui montrent que notre intelligence,

rayon de la lumière divine, ne connaît pas d'obstacles, qu'elle peut aborder les problèmes les plus difficiles, s'élever aux conceptions les plus sublimes.

Les idées d'Albert étaient un peu bouleversées ; il devint silencieux, et je me gardai bien de troubler ses méditations ; je voulais lui donner le temps de réfléchir. Je sais que la raison ne domine pas sans peine les préjugés, qu'elle n'ébranle que difficilement les idées fausses depuis longtemps enracinées dans l'esprit. Et même, quand il sortit de sa rêverie, je jugeai que notre entretien scientifique avait assez duré, et nous parlâmes d'autres choses.

DEUXIÈME SOIRÉE

Mouvement des étoiles sur le ciel. — Sphère céleste. — Elle n'est pas solide. — Elle est idéale. — Son rayon est immense. — Elle a pour centre la Terre, qui n'est qu'un simple point.

Nous étions assis sur un tertre qui dominait l'horizon de toutes parts; le ciel était splendide, l'occident encore empourpré des derniers rayons du Soleil, l'orient déjà parsemé des plus beaux diamants. Bientôt tout le firmament en fut resplendissant.

— Quel magnifique spectacle! dit Albert.

— Eh bien, contemplons cette voûte étincelante. Tournons-nous du côté du nord; vous voyez, n'est-ce pas, là, au bout de ma canne, sept étoiles dont le groupe s'appelle la *Petite-Ourse?* quatre de ces étoiles sont les sommets d'une sorte de rectangle, les trois autres forment la queue de cette constellation; la dernière est la *Polaire.* Si nous examinions le ciel avec attention pendant quelques heures, vous remarqueriez que la Polaire semble immobile, tandis que toutes les autres étoiles paraissent tourner autour d'elle, en décrivant des circonférences d'autant plus grandes qu'elles sont plus éloignées. Celles qui sont voisines de la Polaire, les circumpolaires, sont toujours au-dessus de l'horizon; elles seraient visibles, même le jour, si elles n'étaient pas éclipsées par les rayons étincelants du Soleil. Celles qui se trouvent suffisamment loin de la Polaire semblent sortir du sein de la Terre du côté de l'orient, elles s'élèvent obliquement, puis redescendent et vont s'engloutir dans l'Océan. Chaque nuit l'aspect du ciel est le même, les étoiles conservent les mêmes positions respectives, elles se lèvent et se couchent aux mêmes points de l'horizon et parcourent les mêmes trajectoires avec une immuable régularité.

— On croirait, observa judicieusement Albert, que tous ces astres sont fixés, sont cloués sur une sphère en cristal qui les emporte en tournant tout d'une pièce sur elle-même.

— C'est en effet ainsi, répondis-je, que certains philosophes de l'antiquité expliquaient le *mouvement diurne*. Pour Aristote, le plus célèbre d'entre eux, qui vivait 350 ans avant notre ère, la sphère des étoiles était solide. C'était le huitième ciel, car il admettait l'existence de sept autres cieux solides, cristallins, concentriques au premier et sur lesquels étaient fixés le Soleil, la Lune, et les planètes : Mercure, Vénus, Mars, Jupiter et Saturne. En donnant à ces cieux des mouvements particuliers, il parvenait à expliquer assez bien ceux que ces corps possèdent sur la sphère céleste. Dans l'ouvrage *De mundo*, qui lui est généralement attribué, il est dit[1] que « dans l'intérieur du monde, il y a un centre stable et immobile que le sort a donné à la Terre. Au dehors du monde, il y a une surface qui le termine de toutes parts et en tout sens. La région la plus élevée du monde est appelée le Ciel.... Elle est remplie de corps divers que les hommes connaissent sous le nom d'astres, et elle se meut d'un mouvement éternel, emportant dans la même révolution ces corps immortels qui suivent tous la même marche en cadence, sans interruption et sans fin. »

— Est-ce que cette opinion du disciple de Platon fut admise par les savants de l'antiquité?

— Elle fut malheureusement bien accueillie par la plupart d'entre eux. Euclide (275 ans av. J. C.), Archimède (250 ans av. J. C.), Hipparque (120 ans av. J. C.), Sosigène et Cicéron (50 ans av. J. C.), partagèrent cette doctrine des cieux solides ; et Ptolémée, qui vivait au commencement du second siècle de notre ère, l'érigea en système dans un savant ouvrage qui, malgré ses erreurs, est encore estimé de nos jours et pour lequel les Arabes professaient une telle admiration qu'ils lui avaient donné le nom de livre très-grand ou Almageste. Ces idées régnèrent sans rivales dans les écoles du moyen âge, jusqu'à ce que Copernic, dans son célèbre traité de

1. Arago.

Revolutionibus orbium celestium, qui parut en 1543, eût le courage de renverser de fond en comble tout cet appareil de verre et, comme le dit si plaisamment Fontenelle, de le briser en mille morceaux.

« Figurez-vous, dit à la marquise le spirituel secrétaire de l'Académie [1], un Allemand (il se trompait, c'était un Polonais, né à Thorn en 1473), nommé Copernic, qui fait main basse sur tous ces cercles différents et sur tous ces cieux solides qui avaient été imaginés par l'antiquité. Il détruit les uns, il met les autres en pièces. Saisi d'une noble fureur d'astronome, il prend la Terre et l'envoie bien loin du centre de l'univers, où elle s'était placée.... »

Quelques années après Copernic, Tycho-Brahé, en découvrant que les comètes étaient de véritables astres et non des météores de l'atmosphère, donnait le coup de grâce à la théorie de la solidité des cieux ; il achevait, en employant l'heureuse expression de Fontenelle, de casser tout l'univers.

Voulez-vous maintenant savoir pourquoi les anciens avaient fait les cieux de cristal et non de quelque autre matière, écoutez ce que notre savant répond à son interlocutrice. « Il fallait bien que la lumière passât au travers, et d'ailleurs il fallait qu'ils fussent solides. Il le fallait absolument, car Aristote avait trouvé que la solidité était une chose attachée à la noblesse de leur nature, et puisqu'il l'avait dit, on n'avait garde d'en

1. Entretiens sur la pluralité des mondes.

douter. Mais on a vu des comètes qui étant plus élevées qu'on ne croyait autrefois, briseraient tout le cristal des cieux par où elles passent, et casseraient tout l'univers.... »

— Les anciens n'avaient-ils pas aussi admis que les étoiles naissaient et mouraient réellement chaque jour ?

— On prétend que les Épicuriens avaient cette singulière opinion ; ils donnaient à la Terre des fondements infinis, et par suite ne pouvaient accepter la doctrine qui faisait tourner les astres autour de notre globe. Du reste, n'étaient-ils pas plus insensés, ceux qui ont soutenu que la Terre est plane et recouverte d'une véritable cloche de verre ? Un certain Cosmas n'écrivit-il pas au commencement du sixième siècle, dans sa *Topographie du monde chrétien*, que la Terre était une vaste plaine entourée d'un mur immense soutenant la voûte des cieux ?

— Ainsi, dit Albert, les étoiles ne sont pas parsemées sur une sphère solide ; mais alors, puisqu'elles sont disséminées dans l'espace à des distances de nous sans doute très-variables, je ne comprends pas pourquoi elles nous paraissent attachées à un dôme *sphérique*.

— C'est cependant très-simple. Vous verrez plus tard que ces corps sont en effet fort différemment éloignés de nous, mais que ces distances sont tellement considérables que quelques-unes seulement ont pu être déterminées par l'observation et le calcul. A plus forte raison notre œil ne peut-il estimer ces distances et les

comparer entre elles ; alors toutes les étoiles lui paraissent à une *même* distance infinie et par suite elles lui
semblent tapisser la surface d'une sphère dont il occupe
le centre.

— D'après cela, si nous changions de place dans
l'univers, si nous allions, par exemple, dans la Lune,
nous serions toujours au centre de la sphère céleste?

— Très-bien, répondis-je, vous comprenez à mer-
veille. Cette sphère, vous le voyez, n'a rien de réel, elle
est due à une illusion qui résulte de l'impuissance de
notre vue, mais nullement de notre position dans l'univers. Pascal avait bien raison de dire que le monde est
une sphère infinie dont le centre est partout et la circonférence nulle part.

— Vous m'avez déjà dit que la Terre n'est qu'un
simple point quand on la compare à la sphère céleste ;
j'ai bien de la peine à me faire à cette idée-là.

— Vous vous rappelez cependant que le rayon de
notre globe n'est que de 1600 lieues environ, tandis
que celui de la sphère céleste est immense ; l'étoile la
plus rapprochée de nous est à une distance supérieure
à 206 265 fois celle qui nous sépare du Soleil, c'est-à-
dire 23 300 rayons terrestres. Cette distance s'obtient
donc en multipliant 1600 lieues par 23 300 et le résultat
par 206 265, ce qui donne 7 689 559 200 000 lieues ou plus
de 7 trillions de lieues !

Si vous voulez une autre preuve, remarquez que
quelle que soit la position d'un observateur sur l'hémisphère boréal de la Terre, la sphère étoilée lui paraît

toujours tourner autour de la droite qui va de son œil
à l'étoile polaire, ou, pour parler plus exactement, à un
point très-voisin de cette étoile et qu'on nomme le pôle
nord. Or cette droite changerait de direction avec le lieu
considéré, si les dimensions de notre globe étaient comparables à celles de la sphère céleste; par conséquent,
cette dernière tournerait à la fois autour de plusieurs
axes, ce qui est évidemment impossible. La sphère des
étoiles n'a, bien entendu, qu'un axe de rotation, et puisque cet axe est toujours la droite menée de l'œil de l'observateur au pôle nord, c'est que cet observateur a beau
changer de lieu, c'est comme s'il restait à la même
place, il se meut sur un *point*.

— Je comprends, dit Albert, et maintenant je vois
très-bien ce que vous entendez par la sphère céleste.
Le point central est la Terre, parce que c'est l'endroit où
nous sommes; la droite qui va de notre œil ou, ce qui
est la même chose, du centre de la Terre à l'étoile polaire ou mieux au pôle nord, est l'axe de rotation, et le
mouvement qui emporte la sphère étoilée autour de cet
axe est le *mouvement diurne*.

— C'est cela, répondis-je; cependant je veux insister
encore un peu sur ce mouvement, mais rentrons dans
mon cabinet, je vais vous faire une figure, vous saisirez
mieux.

La sphère que je trace PAP′A′ est la sphère céleste,
T son centre, la Terre; le cercle HH′ est l'*horizon ra-
tionnel* d'un lieu, Paris par exemple; la perpendiculaire
Tz à l'horizon est la *verticale* du lieu; le point z où elle

perce la sphère est dit le *zénith;* en prolongeant cette
droite en sens contraire, on a la verticale TN de l'antipode; N est donc le zénith de l'antipode ou le *Nadir* du
premier lieu. L'*axe du monde,* l'axe de rotation de la
sphère céleste est la droite PP'; P, P' en sont les *pôles,*
P le *pôle nord* ou arctique, celui qui est au-dessus de
l'horizon, l'autre le pôle *sud* ou antarctique. La droite
PP' est souvent appelée la *ligne des pôles;* à Paris elle
est inclinée sur l'horizon de 48° 50'; l'arc PH ou l'angle
PTH qu'il mesure, est la *hauteur du pôle au-dessus
de l'horizon;* cet angle varie d'un lieu à un autre,
parce que la ligne PP' est fixe, mais le plan de l'horizon HH' change de direction avec le lieu considéré. Le
point H de l'horizon qui est le plus près du pôle P s'appelle le *Nord,* le point diamétralement opposé H' est le
Sud, l'observateur qui a les pieds en T, qui est adossé
à la verticale Tz et qui regarde le nord H, a à sa droite
l'*Est* E et à sa gauche l'*Ouest* O; ces quatre points sont
nommés points cardinaux [1].

La sphère céleste, en tournant, fait décrire à une étoile
A″ la circonférence AA'A″ (on prononce A, A prime,
A seconde), qui est entièrement au-dessus de l'horizon;
je vous ai dit qu'une telle étoile porte le nom de circumpolaire. Une étoile telle que B″ se lève à l'est en L,
monte le long de l'arc LB, arrive à son point culminant
B, puis redescend, va disparaître sous l'horizon à l'oc-

1. Les marins de la Méditerranée appellent ces points : levante,
ostro, ponente, tramontana (est, sud, ouest, nord). De là l'expression : perdre la tramontane.

cident en C et achève sa course au-dessous de lui en
décrivant l'arc CB'L.

La figure vous montre que les arcs parcourus par le

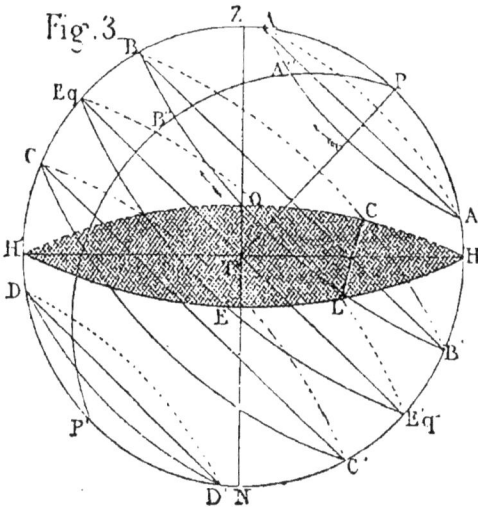

Fig. 3

étoiles au-dessus de l'horizon sont d'autant plus petits
qu'elles sont plus éloignées du pôle P.

Enfin des étoiles qui décrivent des circonférences
telles que DD' sont toujours sous l'horizon et par suite
invisibles pour le lieu considéré.

Les cercles AA', BB'.... sur lesquels se meuvent les
diverses étoiles sont tous perpendiculaires au même
axe PP' et par suite parallèles ; aussi les appelle-t-on
les *parallèles* de ces étoiles (le mot cercles est sous-
entendu) ; celui Eq E'q', qui passe par le centre de la
sphère céleste, est l'*équateur céleste*. Enfin, si par l'axe

on conçoit des plans quelconques, ils détermineront sur la sphère céleste des demi-circonférences telles que PA″B″P′ ; ce sont des *cercles horaires*.

Toutes ces définitions doivent être bien sues ; aussi, mon ami, vous ferez bien d'emporter cette figure et de l'étudier avec attention. Du reste je vous les rappellerai encore demain avant de poursuivre notre étude.

TROISIÈME SOIRÉE

Mouvement diurne. — Méridien, sa détermination. — Passage d'un astre au méridien. — Le mouvement de la sphère céleste peut être une illusion due à celui de la Terre s'effectuant en sens contraire.

Je m'assurai bien vite que mon studieux élève s'était rendu maître de la fin de notre précédent entretien ; aussi je n'insistai pas beaucoup. D'ailleurs nous allions avoir l'occasion de revenir un peu sur ce sujet si important.

— Hier, lui dis-je, nous avons fait la Terre bien petite, si petite que nous l'avons réduite à un point ; aujourd'hui grossissons-la un peu, considérons-la comme une petite boule, traversée diamétralement, embrochée si vous voulez, par l'axe du monde. Comment appellerons-nous les points où cet axe perce notre globe ?

— Les *pôles terrestres ; pôle nord* ou arctique, celui

qui est du même côté que le pôle nord céleste; *pôle sud* ou antarctique, l'autre.

— Les plans menés par la ligne des pôles coupent la sphère céleste suivant des demi-circonférences que nous avons nommées des cercles horaires ; ces mêmes plans rencontrent la surface de la Terre suivant des demi-circonférences qui sont des *méridiens terrestres.*

— Le plan de l'équateur céleste, continua Albert, coupe la Terre suivant une circonférence qui est l'*équateur terrestre.*

— Bien. Et les plans menés par les points de l'axe terrestre parallèlement à l'équateur déterminent sur la surface de notre globe des circonférences qui sont des *parallèles terrestres;* mais remarquez que ces parallèles ne se confondent pas avec les parallèles célestes; car la Terre étant infiniment petite par rapport à la sphère céleste, son épaisseur, la distance de ses deux pôles, est pour ainsi dire nulle; aussi tous les parallèles terrestres prolongés se confondraient avec l'équateur céleste.

Vous comprendrez maintenant bien facilement ce qu'on entend par avoir la sphère oblique, parallèle ou droite. Vous avez vu qu'à Paris les étoiles décrivent des cercles obliques sur l'horizon : c'est ce qui fait dire que ce lieu a la *sphère oblique;* et il en est ainsi pour tous les points de la Terre, excepté pour ceux qui sont sur l'équateur ou aux pôles.

A l'un des pôles de la Terre, au pôle nord, par exemple, la verticale serait la ligne des pôles, l'horizon rationnel l'équateur céleste; alors toutes les étoiles de l'hémisphère boréal seraient constamment au-dessus de l'horizon, et celles de l'hémisphère austral seraient tou-

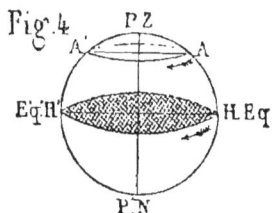

Fig. 4

jours invisibles. Les parallèles parcourus par les premières seraient parallèles à l'horizon; les astres décriraient des couronnes au-dessus de la tête de l'observateur, lequel aurait la *sphère parallèle.*

Enfin, pour un lieu de l'équateur terrestre, la verticale serait couchée dans l'équateur céleste, l'horizon

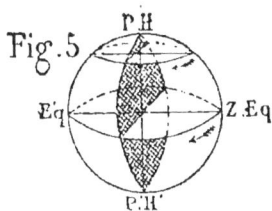

Fig. 5

passerait par la ligne des pôles, les étoiles seraient toutes visibles et décriraient toutes des demi-cercles dont les plans seraient perpendiculaires à l'horizon. Ce lieu aurait la *sphère droite.*

— Puisque la sphère céleste tourne autour de la ligne des pôles, il me semble, dit Albert, que les cercles

2

horaires des étoiles doivent venir successivement coïncider avec un méridien terrestre.

— Sans doute, lui répondis-je; et quand le cercle horaire d'un astre coïncidera avec le méridien d'un lieu, on dira que cet astre passe au méridien de ce lieu. On observe ce passage au moyen d'une lunette appelée *lunette méridienne* ou *instrument des passages*, établie de façon à se mouvoir dans le plan du méridien.

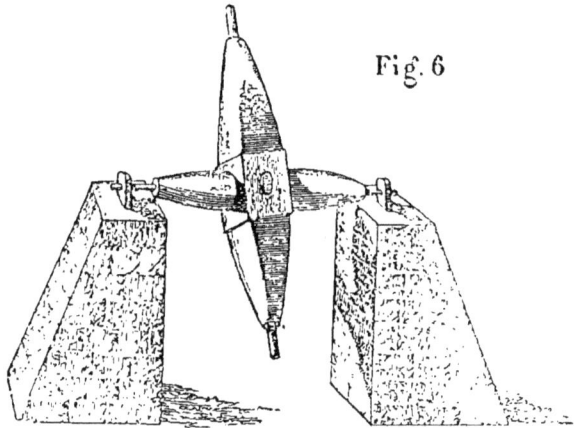

Fig. 6

Lunette Méridienne

— Pourquoi donc a-t-on donné aux méridiens célestes le nom de cercles horaires?

— Le mouvement diurne, c'est-à-dire le mouvement de rotation de la sphère céleste, s'exécute avec la plus grande uniformité. Vous savez qu'un mouvement est uniforme lorsque le mobile parcourt des espaces égaux en temps égaux. Ainsi une locomotive entre deux stations a un mouvement sensiblement uniforme, tandis que lorsqu'elle sort de gare ou qu'elle y entre son mouvement est varié; dans le premier cas il s'accélère, dans le second il se ralentit. Eh bien, le mouvement de la sphère étoilée est le mouvement uniforme par excellence; les étoiles parcourent sur leurs parallèles respectifs des arcs parfaitement égaux dans des temps égaux. La durée de ce mouvement s'appelle *jour sidéral;* c'est l'unité de temps des astronomes. Ce jour se divise en 24 heures sidérales, chaque heure en 60 minutes sidérales.... Imaginez alors qu'on ait tracé sur la sphère céleste 24 cercles horaires équidistants; le temps qui s'écoulera entre les passages de deux de ces cercles consécutifs sera une heure sidérale; la sphère céleste deviendra ainsi une véritable *horloge;* les cercles *horaires* en seront les *divisions*, et le méridien du lieu *l'aiguille*.

— Et le mot *méridien*, pourriez-vous me dire d'où il vient?

— Certainement, et c'est ce que j'allais faire; ce n'est pas sans raison qu'on appelle ainsi le cercle de la Terre qui passe par un lieu et par les deux pôles. Il a été choisi pour rappeler qu'il est midi en ce lieu, au moment où le soleil passe au méridien; l'instant de ce passage est le milieu du jour. On voit en effet que le plan de ce cercle, passant par la verticale du lieu et la ligne des pôles, se confond avec le cercle HPZP' de la figure 3, page 21, et ce dernier partage évidemment l'arc LBC en deux parties LB, BC parfaitement égales; de telle sorte qu'en vertu de l'uniformité du mouvement diurne, l'étoile B″ met le même temps pour monter du point L où elle se lève jusqu'au méridien en B, qu'il lui en faut pour descendre de ce dernier point à celui où elle se couche en C. On voit aussi que lorsqu'elle se trouve dans le méridien en B, elle est le plus élevée au-dessus de l'horizon; elle est à son point culminant.

Eh bien, le Soleil décrit, lui aussi, chaque jour de l'année, un parallèle céleste (seulement ce n'est pas, comme pour les étoiles, toujours le même); et quand il est dans le plan du méridien, il s'est écoulé le même temps depuis son lever qu'il s'en écoulera jusqu'à son coucher, il est midi.

De plus, le Soleil a ce jour-là, à ce moment, sa plus grande hauteur au-dessus de l'horizon; il est à son point culminant. Aussi un piquet vertical exposé aux rayons solaires donne sur l'horizon une ombre de longueur variable suivant l'heure de la journée, et cette ombre est la plus petite lorsque le Soleil est dans le méridien, lorsqu'il est midi. Depuis onze heures, par exemple, jusqu'à midi, l'ombre va sans cesse en diminuant de longueur; à midi elle a sa plus petite longueur; puis elle recommence à s'allonger. Si donc on pouvait tracer la direction de l'ombre minima, on aurait la méridienne du lieu; mais un peu avant midi et un peu après l'ombre ne varie pas sensiblement de longueur; il est dès lors assez difficile de saisir le moment où elle est la plus courte. Comme d'ailleurs, à des moments également éloignés de midi, soit avant, soit après, l'ombre

du style a la même longueur, on voit qu'on arrivera fa-
cilément à obtenir la méridienne de la manière suivante : on décrira, du pied du style comme centre,
une circonférence avec un rayon égal à la longueur
qu'aura l'ombre vers onze heures ; à cette heure, on ob-
servera l'ombre, qui, d'abord plus grande que le rayon
de la circonférence, finira par affleurer à la circonférence ; on marquera ce point ; puis, vers une heure,
on marquera le nouveau point d'affleurement ; on joindra
ces deux points au centre, et la bissectrice de cet angle
sera la *méridienne*.

Le plan vertical passant par la méridienne AM, le

Fig. 7

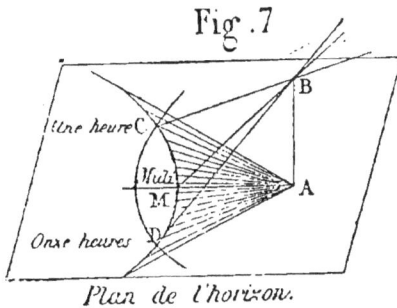

Plan de l'horizon.

plan BAM sera le plan du méridien, et c'est dans ce
plan, je vous le répète, que doit se mouvoir la lunette
méridienne, l'instrument le plus important d'un observatoire.

Albert fut enchanté de savoir déterminer la méridienne ; je lui promis d'aller le lendemain l'aider à en

2.

tracer une sur la terrasse de sa maison. Il devait ensuite
faire adapter un axe à sa longue-vue pour s'en faire un
instrument des passages.

— Je serai presque un astronome, s'écria-t-il en riant,
j'observerai les passages des étoiles.

— C'est-à-dire, répliquai-je, que les étoiles vous
verront passer.

— Comment cela?

— Ne savez-vous pas, ajoutai-je, que le mouvement
de la sphère céleste n'a rien de réel? C'est le résultat
d'une illusion ; cette sphère est immobile, et c'est la

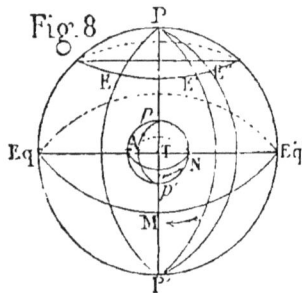

Fig. 8

Terre qui tourne autour du même axe, mais en sens
contraire, dans le même temps et d'un mouvement uniforme.

Nous supposions jusqu'ici notre globe immobile et
nous faisions mouvoir la sphère céleste dans le sens de
la flèche M; ses divers cercles horaires PEP′, PE′P′,
PE″P′.... venaient successivement et dans cet ordre
passer devant le méridien fixe pAp'. Eh bien, arrêtons

la sphère céleste et donnons à notre Terre un mouvement de rotation, mais de sens contraire, marqué par la flèche N ; alors le méridien pAp' coïncidera successivement avec les cercles horaires fixes PEP', PE'P', PE"P'..., et il s'écoulera le même temps entre deux coïncidences successives dans les deux hypothèses, si, je le répète, nous supposons le mouvement de rotation de la Terre uniforme et animé de la même vitesse que celui de la sphère céleste.

— S'il en est ainsi, dit Albert, lorsqu'une étoile paraît à l'horizon, c'est l'horizon qui paraît à l'étoile, et quand elle s'élève sur l'horizon, c'est l'horizon qui s'incline sous l'étoile immobile.

— Vous avez parfaitement saisi ; mais pour que vous n'oubliiez pas le sens dans lequel tourne la Terre, je vais vous expliquer comment on distingue le sens d'un mouvement en astronomie. Quand vous êtes immobile et qu'un corps tourne autour de vous, il est animé d'un mouvement *direct* ou *rétrograde*, suivant qu'il va de votre droite à votre gauche ou de votre gauche à votre droite. Eh bien, supposez-vous couché le long de la ligne des pôles de la Terre, les pieds sur l'équateur en T, la tête dirigée vers le pôle nord p, et imaginez que notre globe soit diaphane ; alors son mouvement, qui s'effectue dans le sens de la flèche N, est direct, il va de votre droite à votre gauche. Si, à un moment donné, vous voyez passer devant vous la France, restez immobile, et bientôt après vous aurez en face de vos yeux l'océan Atlantique, puis viendront les Amé-

riques.... Le mouvement de la sphère céleste, au contraire, est rétrograde, puisqu'il s'effectue dans le sens
de la flèche M, c'est-à-dire de votre gauche à votre
droite. En général, quand vous voudrez reconnaître le
sens du mouvement d'un corps céleste, vous vous pla-
cerez dans l'intérieur de l'orbe qu'il décrit, la tête du
côté du pôle nord céleste, et vous verrez si le corps
marche de votre droite à votre gauche, auquel cas il
aura un mouvement direct, ou de votre gauche à votre
droite, auquel cas son mouvement sera rétrograde.

— D'après cela, observa Albert, le mouvement des
aiguilles d'une montre est rétrograde, puisqu'un petit
bonhomme, ayant les pieds au centre et la tête au-
dessus du cadran, verrait les aiguilles marcher de sa
gauche à sa droite.

— Très-bien. — Revenons maintenant à la question :
Les apparences du mouvement des étoiles restent donc
les mêmes dans l'hypothèse de la fixité de la sphère céleste et de la rotation de la Terre, et je vous ai annoncé
que là était la réalité, que le mouvement du ciel n'était
qu'une illusion. Mais, me direz-vous, n'est-il pas surprenant que nous ne nous apercevions pas de notre
mouvement? Quand nous sommes en voiture, nous
sentons bien que nous sommes emportés? La réponse
est facile : les cahots nous rendent le mouvement sensible, tandis que si nous faisions partie d'un système
animé d'un mouvement sans secousses, sans variations
brusques de vitesse, nous n'aurions pas conscience de
ce mouvement, nous nous croirions au repos. Que,

placés sur un bateau abandonné à lui-même et descendant le cours d'un fleuve, ou mieux encore glissant sur un lac aux eaux tranquilles, nous fermions les yeux, rien ne nous avertira de notre mouvement. Mais, si nous portons nos regards sur le rivage, nous verrons les arbres, les maisons fuir derrière nous ; nous serions même tentés de leur attribuer un mouvement opposé à celui qui nous emporte et, si la raison ne venait à notre aide, nous serions victimes d'une grossière illusion. C'est ce qui faisait dire à Virgile :

Provehimur portu, terræque urbesque recedunt.
(*Énéide*, livre III.)

— Ce qui m'étonne, répliqua mon élève, c'est que nos mouvements à la surface de la Terre ne soient pas contrariés par celui de notre globe. Avons-nous, même sur un grand vaisseau, la même liberté dans nos mouvements qu'à Terre, et cependant notre monde n'est-il pas un immense navire ?

— Sans doute, mon ami, mais il vogue dans le vide, il n'éprouve aucune résistance, il n'est ni ballotté par les eaux, ni poussé par les vents. Pour vous convaincre tout à fait, imaginez-vous dans la chambre du bateau à vapeur dont je parlais à l'instant, non-seulement vous n'aurez pas conscience du mouvement qui vous entraînera, mais vous agirez avec la même liberté que si ce mouvement n'existait pas ; ainsi, par exemple, vous jouerez au billard sans rien changer aux règles ordinaires, et le mouvement commun qui vous empor-

tera ne modifiera en rien ceux que vous imprimerez
aux billes; tous ces mouvements s'effectueront sans se
gêner les uns les autres. Voulez-vous un autre exemple?
Un jongleur à cheval lance ses boules verticalement
au-dessus de sa tête, comme s'il était à terre, car lui, les
boules et le cheval, dont le trot est régulier, uniforme,
forment un système animé d'un mouvement commun
qui n'altère en rien celui des boules. S'il avait la mala-
dresse de lancer ses billes un peu en avant, comme
vous le supposiez probablement, elles iraient tomber
sur la tête du cheval. C'est encore pour la même raison
que lorsque vous courez, votre montre n'est nullement
affectée par le mouvement que vous lui imprimez. Cette
coexistence, cette indépendance des mouvements simul-
tanés, est aujourd'hui un des principes fondamentaux
de la mécanique et un beau titre de gloire pour son
inventeur, l'illustre Galilée.

QUATRIÈME SOIRÉE

Lunette méridienne. — Historique de l'invention des lunettes. —
Réfraction de la lumière. — Prisme. — Lentille. — Loupe. —
Lunette astronomique. — Télescopes.

Avant de vous faire assister à notre quatrième entretien, je dois vous dire, ami lecteur, que je n'avais pas
oublié ma promesse, et que dans la matinée j'étais allé
chez mon enthousiaste élève. Il était bien heureux à la
pensée qu'il allait bientôt posséder une lunette méridienne; il lui semblait qu'avec cet instrument il allait
être ni plus ni moins qu'un Arago, et que désormais les
cieux n'auraient plus de secrets pour lui. Nos prépara-
tifs lui paraissaient bien longs, mais il comprenait que
ces minutieuses précautions n'étaient pas inutiles.

Nous avions choisi une table très-massive et sensiblement plane. Pour vérifier qu'elle satisfaisait bien à
cette dernière condition, nous appliquâmes sur elle,

dans plusieurs directions, une règle bien droite, et nous vîmes qu'il n'y avait jamais de jour entre cette règle et la table. Puis, en calant avec précaution ses pieds, nous rendîmes la table horizontale, et nous reconnûmes qu'elle l'était, au moyen d'un niveau à bulle d'air : ce niveau ayant été placé sur la table dans deux directions à peu près perpendiculaires, la bulle s'était à chaque fois logée à la partie supérieure entre les deux repères. Après quoi nous fixâmes solidement les pieds au plancher.

Je dus aussi décrire à Albert le petit instrument dont je venais de me servir. Il est formé d'un tube de verre contenant de l'alcool ou de l'eau et une bulle d'air ; ce tube est enchâssé dans un étui en cuivre fixé sur une règle de même métal et parfaitement plane ; quand ce socle est posé sur une surface horizontale, la bulle occupe la petite partie bombée du tube, tandis que si l'une des extrémités est plus élevée que l'autre, la bulle d'air marche du côté de la première, parce que, en vertu de sa légèreté spécifique, elle tend toujours à monter.

Cette opération terminée, il y avait à implanter au milieu de la table un style vertical ; avec un fil à plomb, nous vérifiâmes facilement cette verticalité. C'est alors qu'après avoir décrit du pied A du style comme centre une circonférence avec un rayon un peu plus petit que la longueur de l'ombre à ce moment (il était près de onze heures), nous attendîmes l'instant où l'extrémité de l'ombre vint affleurer cette circonférence ; nous marquâmes ce point D (figure de la page 29), et nous allâmes déjeuner. Vers midi et demi, nous nous remî-

Fig. 9

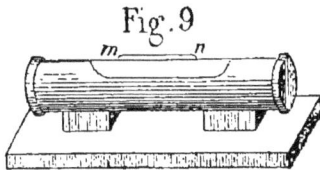

mes en observation ; l'ombre, alors plus petite que le rayon de la circonférence, allait constamment en croissant, et son extrémité finit par atteindre de nouveau la circonférence ; nous marquâmes ce nouveau point C ; il n'y avait plus qu'à mener la bissectrice AM de l'angle CAD, ce qui est très-facile, et nous eûmes la *méridienne* du lieu. Le plan passant par cette ligne et le style était le *plan méridien* de ce lieu.

Restait enfin à installer notre lunette.

Nous prîmes deux plaques de fer bien solides, en tout semblables, présentant à l'une de leurs extrémités une échancrure demi-circulaire devant servir de coussinet au tourillon de la lunette, et à l'autre des pattes munies de petits trous, qu'il était facile de sceller à la table avec des vis. Nous eûmes bien soin de disposer ces montants parallèlement au plan du méridien et à égale distance de ce plan. Enfin, le maréchal de Saint-B.... avait aussi fabriqué un collier ou cercle de fer qui embrassait la longue-vue d'Albert suivant la section passant par son centre de gravité, c'est-à-dire à l'endroit où la

3

lunette, posée perpendiculairement sur une canne ronde
tenue horizontalement, s'était maintenue en équilibre.
Nous avions fait l'expérience un peu au-dessus d'un lit ;
de cette façon, nous n'avions rien à redouter des chutes
assez nombreuses que fit notre pauvre lunette avant

Fig. 10

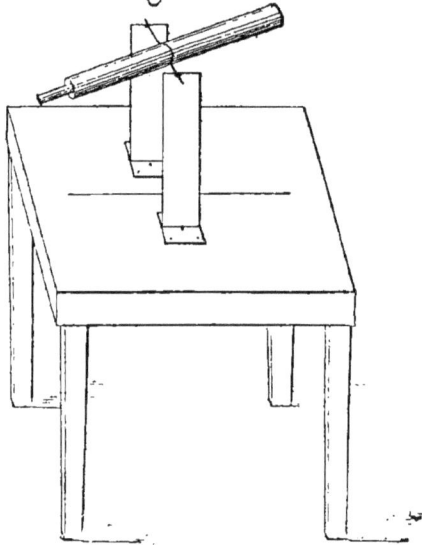

d'avoir trouvé son assiette. Un diamètre de ce collier se
prolongeait de chaque côté en deux tiges rondes appelées tourillons et que nous plaçâmes sur les coussinets.
Le poids de la lunette était détruit par l'axe, et de plus,
cet axe étant horizontal et perpendiculaire au plan du
méridien, la lunette ne pouvait se mouvoir que dans ce
plan ; nous avions donc une lunette méridienne, bien

imparfaite il est vrai, mais suffisante pour donner à mon jeune lycéen une idée de cet important instrument.

Je le quittai, mais il fut convenu que je reviendrais après dîner et que nous passerions notre soirée à *l'observatoire :* c'est ainsi que dorénavant nous devions appeler le belvédère.

Quand je revins, je surpris Albert plongé dans de grandes méditations.

— Je pensais, me dit-il, à la lunette d'approche ; je cherchais pourquoi deux verres, deux lentilles placées l'une devant l'autre, rapprochent les objets et les grossissent ; j'avoue que j'y perdais mon latin.

— Je le crois sans peine, répondis-je. Pour deviner cette théorie, il eût fallu que vous fussiez ni plus ni moins qu'un génie. Huygens écrivait dans sa Dioptrique : « Je mettrais sans hésiter au-dessus de tous les mortels celui qui, par ses seules réflexions et sans le concours du hasard, serait arrivé à l'invention des lunettes. » Il est bien vrai que vous n'auriez pas inventé la lunette, mais vous auriez trouvé seul l'explication de ses effets ; vous êtes un peu ambitieux. Cependant, dans un instant j'essayerai de satisfaire votre curiosité ; mais je veux d'abord vous raconter les singulières circonstances auxquelles on doit cette découverte. Elle remonte, dit-on, à l'année 1606 ; les enfants de Lippershey, alors fabricant de besicles à Middelbourg, jouant dans la boutique de leur père, eurent l'idée de regarder des objets éloignés au travers de deux lentilles, l'une convexe, l'autre concave, et distantes l'une de l'autre, et ils s'aperçu-

rent que ces objets étaient notablement grossis et rapprochés. Leur étonnement attira l'attention de Lippershey,
qui recommença leur expérience, et pour la rendre plus
commode ajusta les verres aux deux bouts d'un tube :
il venait d'inventer la lunette d'approche.

Il adressa une supplique aux États généraux pour
demander un brevet de trente années lui assurant le
privilége exclusif de son invention, ou une pension annuelle, en s'engageant à ne construire son instrument
que pour les besoins de l'État. Mais ils ne surent pas
apprécier cette admirable découverte et accueillirent par
un refus la demande du pauvre inventeur.

Quelques années après, Galilée[1] ayant eu connaissance de cette invention, mais n'ayant cependant qu'une

1.   Faibles amas de sable, ouvrages de la cendre,
     Deux verres (le hasard vient encor nous l'apprendre),
     L'un de l'autre distants, l'un à l'autre opposés,
     Qu'aux deux bouts d'un tuyau des enfants ont placés,
     Font crier en Zélande, ô surprise! ô merveille!
     Et le Toscan fameux à ce bruit se réveille.
     De Ptolémée alors, armé de meilleurs yeux,
     Il brise les cristaux, les cercles et les cieux :
     Tout change; par l'arrêt du hardi Galilée,
     La Terre loin du centre est enfin exilée.
     Dans un brillant repos, le Soleil à son tour,
     Centre de l'univers, roi tranquille du jour,
     Va voir tourner le ciel et la Terre elle-même.
     En vain l'inquisiteur croit entendre un blasphème,
     Et six ans de prison forcent au repentir,
     D'un système effrayant l'infortuné martyr ;
     La Terre, nuit et jour, à sa marche fidèle,
     Emporte Galilée et son juge avec elle.
                        (Louis RACINE, la Religion, poëme.)

très-vague idée de la construction de cet instrument, parvint (en une seule nuit, paraît-il) à fabriquer une lunette assez puissante pour lui permettre d'observer les phases de Vénus et de découvrir les satellites de Jupiter et l'anneau, les anses comme il les appelait, de Saturne. Les jumelles de théâtre sont formées de deux lunettes de Galilée maintenues à côté l'une de l'autre, à une distance égale à celle qui sépare les deux yeux.

Dans les lunettes astronomiques, et en particulier la lunette méridienne, les deux lentilles sont biconvexes ; ce sont des morceaux de verre bien purs terminés par deux surfaces sphériques convexes.

Fig. 11

Celle qui est tournée du côté de l'astre est l'*objectif*, l'autre plus petite est l'*oculaire;* c'est à cette dernière que l'observateur applique l'œil.

— Pourriez-vous me dire ce que c'est que la lumière ?

— On ne connaît pas l'essence même de la lumière ; on ignore si, comme le pensait Newton, c'est un fluide envoyé dans toutes les directions par les corps lumineux, ou bien si, comme le supposait Descartes, et c'est l'opinion généralement admise, elle est le résultat de vibrations produites par les molécules de ces corps et transmises à notre œil par des ondulations se propageant au travers d'un fluide impondérable qui remplit tout l'espace et qu'on appelle éther. Quelle que soit l'hypothèse que nous acceptions, il est un fait incontestable : la lumière se propage en ligne droite.

— Certainement, se hâta de dire Albert ; j'ai souvent vu un filet de lumière qui avait traversé par un petit trou le volet d'une chambre obscure, et j'ai toujours remarqué qu'il formait dans la chambre un sillon rectiligne, rendu sensible par les particules poussiéreuses que l'air tient en suspension.

— Ce que vous n'avez peut-être pas aussi bien observé, ajoutai-je, c'est que ce filet, ce rayon de lumière se brise lorsqu'il passe d'un milieu dans un autre ; il se réfracte à la surface des deux milieux. Mettons au fond de ce

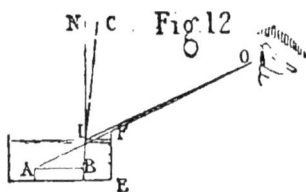

Fig. 12

vase à parois opaques une pièce de monnaie AB, placez votre œil en O de façon à n'apercevoir que l'extrémité A de cette pièce et ne bougez plus ; je verse de l'eau dans le vase....

— Et je vois maintenant la pièce entière, voilà qui est singulier.

— Voulez-vous l'explication de ce fait? Les rayons partis de B n'allaient pas à votre œil parce que, ou bien ils étaient arrêtés par la paroi EF, ou bien ils avaient une direction telle que BC. Or ce dernier rayon, en passant de l'eau dans l'air, reste dans le plan CIN, mais il s'incline, il s'écarte de la perpendiculaire IN à la surface de séparation, la normale, et va maintenant frapper votre œil.

— Ainsi, quand le rayon passe d'un milieu dans un autre milieu moins dense, il s'écarte de la normale; et réciproquement, il se rapproche de la normale quand il pénètre dans un milieu plus dense.

— C'est cela. Eh bien, considérez un morceau de verre terminé par deux faces planes qui se coupent, un *prisme*, et faites tomber un rayon de lumière sur une de ces faces et dans un plan perpendiculaire à l'arète EF, déterminant dans le prisme une section principale

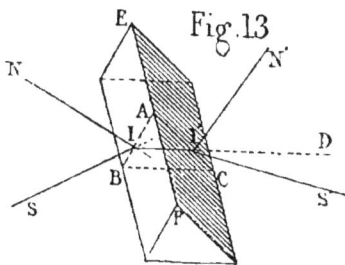

Fig. 13

ABC. Ce rayon SI reste dans le plan de cette section, mais au moment où il pénètre dans le verre, il se brise

et se rapproche de la normale IN, il suit la droite II′,
puis en sortant par la seconde face, il s'éloigne de la
normale I′N′, au lieu de continuer son chemin suivant
I′D, il prend la direction I′S′ ; vous voyez qu'à chacune
de ses deux réfractions, il s'est incliné vers la base du
prisme.

Soit maintenant une lentille biconvexe MN ; la droite
OO′, qui joint les centres des deux sphères auxquelles
appartiennent les faces est l'axe principal. Si des rayons
arrivent sur la lentille parallèlement à l'axe, ils se réfractent comme ils le feraient dans un prisme, et vont
rencontrer l'axe en un même point F, le foyer. Comme
les rayons incidents peuvent tomber sur l'une ou sur
l'autre des deux faces de la lentille, on voit qu'elle a
deux foyers F et F′. Ainsi les rayons venant d'un astre

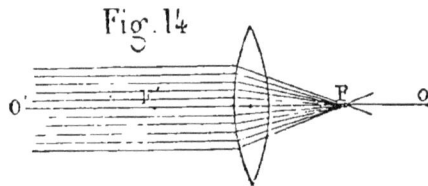

Fig. 14

très-éloigné, situé sur le prolongement de l'axe d'une
lentille, vont concourir au foyer après une double réfraction. Il en est de même pour le Soleil : sa distance
à la Terre n'est cependant pas infinie, mais elle est suffisamment grande pour que les rayons qu'il envoie
à la lentille puissent être regardés comme parallèles.

— J'ai souvent vérifié ce fait, observa Albert. Avec une loupe, je me suis amusé à concentrer les rayons solaires sur une feuille de papier, et en la plaçant à une distance convenable, j'obtenais un point très-brillant. D'autres fois je mettais en ce point de l'amadou, et il prenait feu. Pourquoi cela?

— Parce que les rayons solaires apportent et concentrent au foyer non-seulement leur lumière, mais aussi leur chaleur. N'avez-vous pas employé la loupe à un autre usage?

— Mais oui; elle sert à grossir les petits objets; on les met assez près du verre et on les regarde au travers, en plaçant l'œil à une petite distance. Mais, par exemple, comment se fait-il qu'ils paraissent plus gros? Je n'en sais rien.

— Je vais vous l'apprendre. La loupe n'est autre chose qu'une lentille biconvexe. Eh bien, mettons entre la lentille et son foyer F un petit objet AB. Parmi tous les rayons envoyés par le point A, il en est un qui est parallèle à l'axe et qui, après avoir traversé le verre, va passer par le foyer F', et il en est un autre qui passe par un point remarquable C de la lentille, son *centre optique*; ce point est tel que, si la loupe est peu épaisse, et c'est le cas ordinaire, tout rayon qui passe par ce point n'éprouve sensiblement pas de déviation et continue son chemin en ligne droite. Les deux rayons réfractés NN et PQ prolongés en sens contraire iraient concourir en A'; alors l'œil qui les reçoit croit voir le point A en ce point A'; l'objet AB paraîtra donc

3.

en A'B' notablement agrandi. La construction que nous venons de faire pour obtenir l'image, montre qu'elle est

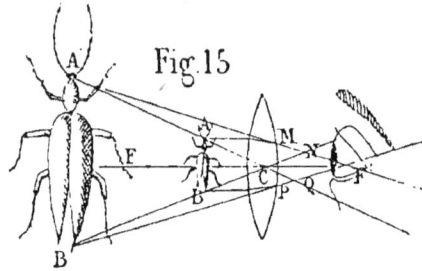

Fig. 15

d'autant plus grande que l'objet est plus près de la lentille. Vous devez dès lors comprendre qu'il y a une position de l'objet pour laquelle l'image se forme à une distance de 15 centimètres environ de l'œil, à la distance de la *vision attentive*, c'est-à-dire à la distance pour laquelle on voit un objet le plus nettement possible.

Revenons maintenant à notre lunette astronomique ; l'astre vers lequel elle est dirigée étant très-éloigné, envoie à l'objectif des rayons parallèles qui, après l'avoir traversé, vont concourir en un point de l'axe très-voisin du foyer et y forment une petite image renversée. Cette image est d'autant plus brillante que l'objectif est plus grand, puisqu'alors il reçoit un plus grand nombre de rayons lumineux. Malheureusement on ne peut pas en augmenter le diamètre au delà de certaines limites, parce que les rayons parallèles à l'axe qui tomberaient sur les bords n'iraient plus concourir au foyer, comme le font ceux qui sont plus près de l'axe ; l'image manquerait de netteté. On appelle ce défaut *aberration* de sphéricité.

L'oculaire qui est à l'autre bout de la lunette fait fonction de loupe ; aussi l'image de l'astre doit tomber entre l'oculaire et son foyer, et à une distance de l'oculaire telle, que l'image A″B″ se forme à la distance de

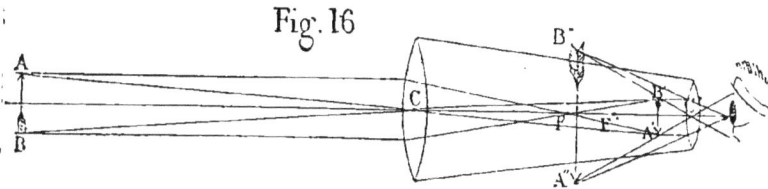

Fig. 16

la vision distincte. On obtient facilement ce résultat au moyen de deux *tirages*, c'est-à-dire de deux tuyaux qui glissent l'un dans l'autre et dans celui de la lunette ; c'est à l'extrémité du dernier de ces tuyaux qu'est adapté l'oculaire.

On démontre que le grossissement de la lunette est d'autant plus grand que l'objectif est moins convergent et que l'oculaire l'est davantage, c'est-à-dire que CF est plus grand et que C′F′ est plus petit. Ainsi les lunettes qui ont un grand pouvoir amplifiant doivent être très-longues ; celle qu'Auzout construisit à la fin du dix-septième siècle avait trois cents pieds de longueur focale ; elle grossissait six cents fois. La lunette de Galilée ne grossissait guère qu'une trentaine de fois, et celle d'Huygens une cinquantaine de fois ; de

nos jours, les bonnes lunettes donnent un grossissement qui va jusqu'à 1000 et 1200.

— Est-ce que les lunettes astronomiques ne servent
qu'à grossir et rapprocher les corps célestes? ne don-
nent-elles pas aussi leurs directions?

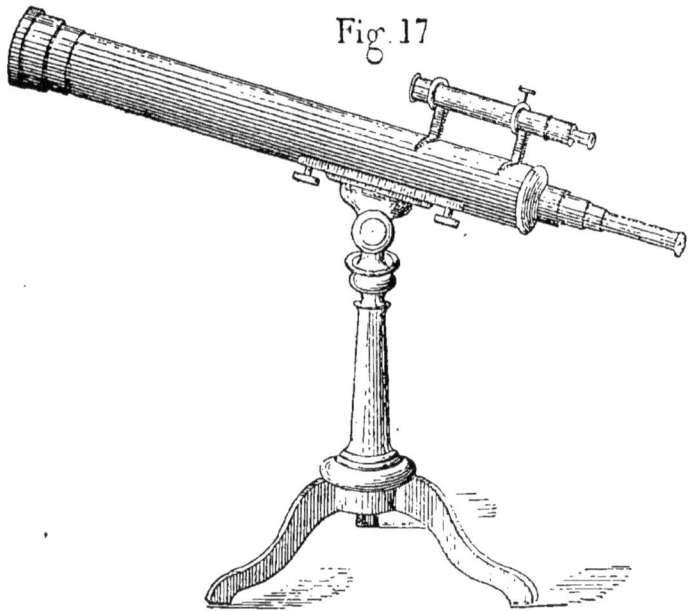

Fig. 17

— Sans doute, et voici comment on obtient ce résultat : près du foyer de l'objectif, c'est-à-dire au point
où se fait l'image de l'astre, on dispose dans la lunette
une pièce circulaire présentant une ouverture de même
forme, traversée par deux fils fins perpendiculaires l'un
à l'autre. On appelle cette pièce le *réticule*. Le point

le croisement des fils est sur l'axe optique ; aussi, quand le rayon qui va de l'astre au centre optique de l'objec-

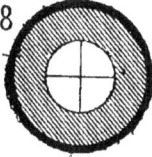

Fig.18

tif coïncide avec l'axe optique, l'image se trouve au point de concours des fils du réticule. Ainsi, à l'instant où cette coïncidence a lieu, l'astre est sur le prolongement de l'axe de la lunette.

— Est-ce que l'image de l'astre reste longtemps dans la lunette?

— Cela dépend de la grandeur du *champ*, c'est-à-dire de la largeur du cône qui a pour sommet le centre optique de l'objectif, et pour base le contour de l'oculaire. Or, ce cône est d'autant moins large qu'il est plus allongé, et par conséquent que le grossissement est plus grand ; aussi les lunettes à forts grossissements ont-elles un champ très-petit, et il est difficile de saisir l'instant du passage de l'astre. C'est pour cela que ces instruments sont munis d'une autre petite lunette, à moindre grossissement, mais à champ plus grand, et qui sert à chercher l'astre. Quand on l'a aperçu dans le champ du *chercheur*, on l'observe attentivement dans la grande lunette.

Voilà tout ce que je voulais vous dire sur ce sujet, et

même, pour ne pas trop prolonger cet entretien, je n'ajouterai qu'un mot sur les télescopes.

— Comment, un télescope n'est donc pas une lunette?

— On confond souvent ces deux instruments ; ils sont cependant essentiellement différents. Dans le télescope, l'image de l'astre est obtenue, non plus avec une lentille objective, mais au moyen d'un miroir concave en métal poli (télescope de Newton) ou en verre argenté par un procédé chimique (télescope de Foucault). Les rayons qu'envoie l'astre viennent se réfléchir sur ces surfaces brillantes et forment en avant une image que l'on amplifie avec une loupe.

Je dois vous citer aussi deux télescopes célèbres, qui ont rendu de bien grands services à l'astronomie: celui qu'Herschel fit construire à Slough et qui avait 12 mètres de long contre $1^m,50$ de diamètre, et celui que lord Ross fabriqua lui-même et fit monter dans son parc de Birr en Irlande. Cet instrument avait 16 mètres de long et pesait 10 400 kilogrammes, et quant à son pouvoir amplifiant, voici ce qu'en dit M. Babinet : « Le télescope de lord Ross ne rendrait pas sans doute visible un éléphant lunaire, mais un troupeau d'animaux analogue aux troupeaux de buffles de l'Amérique serait très-visible. Des troupes qui marcheraient en ordre de bataille y seraient très-perceptibles. Les constructions, non-seulement de nos villes, mais encore de monuments égaux aux nôtres, n'échapperaient pas à notre vue. L'observatoire de Paris, Notre-Dame et le Louvre

s'y distingueraient facilement, et encore mieux les objets étendus en longueur, comme le cours de nos rivières, le tracé de nos canaux, de nos remparts, de nos
routes, de nos chemins de fer, et enfin de nos planta-
tions régulières. »

CINQUIÈME SOIREE

Mouvement de rotation de la Terre. — Preuves rationnelles. — Pythagore. — Copernic. — Galilée. — Déviation d'un corps qui tombe d'une grande hauteur. — Vents alizés.

— Dans notre entretien d'avant-hier, j'ai parfaitement compris que nous n'avons pas plus le droit d'admettre la rotation de la sphère céleste que celle de notre globe, à la condition que ces deux mouvements s'effectuent autour de la ligne des pôles en sens contraire. Vous m'avez promis, monsieur, de me donner des preuves décisives du mouvement de rotation de la Terre.

— Avant de l'établir expérimentalement, je commencerai, mon ami, par vous en donner des preuves purement rationnelles. Nous allons comparer les deux hypothèses, et l'avantage restera naturellement à celle qui présentera la plus grande simplicité. Il est en effet indiscutable que, si les ouvrages de Dieu sont magnifiques dans le dessein, ils sont simples dans l'exécution. Eh bien, si nous faisons tourner la Terre, ses points décrivent dans le même temps, un jour, des parallèles d'autant plus grands qu'ils sont plus rapprochés de l'équateur ; ceux qui sont sur l'équateur marchent donc le plus vite, ils parcourent un dixième de lieue environ par seconde. Cette vitesse, toute grande qu'elle nous paraît au premier abord, est-elle cependant comparable à celle dont il faudrait douer, dans la supposition contraire, une étoile qui décrirait l'équateur céleste ? La distance de cette étoile à nous étant de plus de dix millions de millions de lieues, elle parcourrait plus de 500 millions de lieues par seconde !

D'ailleurs les astres ne sont pas cloués à une immense sphère de cristal ; ils sont à des distances très-variables de la terre ; il faudrait donc, pour qu'ils conservassent toujours leurs mêmes positions relatives, que les rayons des circonférences qu'ils décrivent fussent rigoureusement proportionnels à leurs vitesses. Certes, rien n'est impossible à Dieu ; mais, je vous le répète, c'est à leur admirable simplicité que se reconnaissent les œuvres du Créateur.

Ces preuves, tout indirectes qu'elles sont, suffirent à convaincre des esprits d'une intelligence supérieure, et les célèbres philosophes de l'antiquité qui ont soutenu cette opinion du mouvement de rotation de la Terre n'en avaient pas d'autres.

— Cette connaissance de la rotation de notre globe est donc bien ancienne ?

— Pythagore, né à Samos en 580 avant notre ère,
est le premier qui professa cette doctrine. Ce philosophe, après de longs voyages consacrés à son instruction, en Égypte où il s'était fait initier aux mystères
de ses prêtres, dans l'Inde où il avait écouté ses savants
brahmanes, revint en Grèce, mais l'abandonna bientôt
pour aller s'établir à Crotone et y fonder l'école ita-
lique. Dans sa jeunesse il avait été le disciple de Thalès, ce sage de la Grèce, qui déjà admettait la sphéricité
de la Terre, ainsi que la circulation de la Lune autour de
notre globe, et connaissait la véritable cause des éclipses
de Soleil et de Lune. Pythagore fit faire un pas de
plus à la science, mais ce fut un pas de géant; pour
lui le Soleil devint immobile et la Terre une planète
animée, ainsi que toutes les autres, d'un double mouvement de circulation autour du Soleil et de rotation
sur elle-même. Il est bien vrai qu'il ne laissa aucun
écrit [1] et même, craignant sans doute que ces opinions
hardies ne fussent pas comprises du vulgaire et lui
devinssent funestes, il se garda de les divulguer; jamais il ne les exposa publiquement, mais il les com-

1. C'est du moins l'opinion de Plutarque, Josèphe, Claudien Ma-
mert, Lucien; mais Épictète, Clément d'Alexandrie, saint Jérôme,
Iamblique et Diogène de Laërte sont à cet égard d'un avis opposé.
Dans son savant ouvrage, *Pythagore et la philosophie pythagoricienne*, M. Chaignet, professeur de littérature ancienne à la Faculté
des lettres de Poitiers, partage ce dernier sentiment. « Je ne puis
m'empêcher d'accorder quelque poids aux affirmations si nettes,
si précises qui lui donnent des écrits propres et en citent même des
passages. Le fait que Philolaüs est considéré généralement comme

muniqua à ses disciples intimes, et l'un d'eux, Philolaüs, est, dit-on, le premier qui les ait transmises à la postérité, dans un ouvrage intitulé : *Sur la Nature*.

Anaxagore, né à Clazomène en 500 avant notre ère, de l'école de Milet dont Thalès avait été le chef, alla s'établir à Athènes, où il crut pouvoir émettre ouvertement de pareilles idées sur la constitution du monde et expliquer d'une manière naturelle des phénomènes tels que les éclipses, les tremblements de terre.... que la superstition du peuple rapportait à la colère de Dieu; il fut accusé d'impiété, et Périclès, son disciple et ami, parvint difficilement à le soustraire à la mort en faisant commuer sa peine en un exil perpétuel.

Aristarque, de Samos, né en 267 av. J. C., soutint lui aussi l'opinion de la rotation de notre globe, et lui aussi faillit en être victime; les prêtres l'accusèrent d'irréligion pour avoir essayé de troubler le repos des dieux Lares de la Terre.

Vous voyez, mon ami, quelle hardiesse il fallait pour heurter de front cette vieille erreur de l'immobilité de la Terre, si profondément ancrée dans l'esprit des peu-

---

étant le premier qui ait publié un ouvrage sur la philosophie pythagoricienne, n'équivaut pas à l'aveu qu'avant lui aucun pythagoricien et Pythagore lui-même n'avait rien écrit. Les documents écrits pouvaient avoir été tenus secrets, et Philolaüs aura été le premier à divulguer le sien. C'est tout ce que Diogène nous dit, si on veut peser avec soin les termes dont il se sert : *Jusqu'à Philolaüs on ne pouvait rien connaître de la doctrine pythagoricienne : il fut le premier à porter à la connaissance de tous ces trois fameux livres qu'acheta Platon.* »

ples et sur laquelle étaient assis les principes mêmes de leurs religions.

Mais si la vérité peut être longtemps étouffée par l'ignorance et la superstition, elle finit toujours par triompher. Quelquefois même, au milieu de la nuit, jaillissent quelques étincelles, rayons précurseurs du flambeau qui doit un jour jeter sur le monde sa resplendissante clarté. C'est ainsi que nous voyons Sénèque, né l'an 2 de Jésus-Christ, poser nettement le problème; or, le poser, c'est presque le résoudre. « Il importe d'examiner si la Terre est immobile au centre du monde, ou, si le ciel étant immobile, la Terre tourne sur elle-même. Des auteurs ont dit que la Terre nous entraîne sans que nous nous en apercevions et que c'est notre mouvement qui produit les levers et les couchers apparents des astres. C'est un objet bien digne de nos contemplations que de savoir si nous avons une demeure paresseuse, ou si au contraire elle est douée d'une excessive vitesse, si Dieu fait tout tourner autour de nous, ou s'il nous fait tourner nous-mêmes. » *Quæstiones naturales*, lib. VII.

Franchissons maintenant ces siècles où la science eût certainement sombré pour toujours, si les Arabes n'eussent religieusement conservé et même augmenté les précieux monuments que nous avaient légués les anciens; citons cependant un nom : celui du cardinal de Cusa au quinzième siècle, qui fit revivre le système pythagoricien, mais en le présentant d'une manière trop vague et incomplète. Arrivons enfin à Copernic, l'illustre chanoine de Warmi (né à Thorn en 1473) dont je vous ai déjà parlé. Honneur à ce génie qui consacra toute sa vie au plus beau problème que l'homme se soit jamais posé et eut la gloire de saper, de renverser de fond en comble le vieil édifice de Ptolémée pour asseoir à sa place, sur des bases inébranlables, le vrai système du monde, déjà pressenti par Pythagore deux mille ans auparavant et qui, maintenant, a reçu l'éclatante et irréfutable consécration de la science! Copernic hésita longtemps à publier ses savants travaux; le péripatétisme était alors dans sa toute-puissance; étroitement lié à la théologie dont il ne contrariait aucun des dogmes, il régnait en maître dans les écoles. Aussi ce ne fut que sur les instances réitérées de ses disciples, et surtout de Rhéticus, qu'il se décida à livrer à l'impression son célèbre ouvrage (*De revolutionibus orbium celestium*). Il parut en 1543, et peu s'en fallut que la mort ne lui laissât pas le temps de le voir. « Le jour qu'on lui apporta le premier exemplaire imprimé de son livre, savez-vous ce qu'il fit? demande Fontenelle à la marquise d'un ton peut-être trop léger, il mourut; il ne voulut pas essuyer toutes les contradictions qu'il prévoyait et se tira habilement d'affaire. » Ses pressentiments étaient du reste nettement exprimés dans sa dédicace au pape Paul III: « Je suis certain que les savants et profonds mathématiciens applaudiront à mes recherches, s'ils examinent à fond les preuves que j'apporte dans ce traité. Si des hommes ignorants ou légers voulaient abuser de quelques passages de l'Écriture dont ils détournent le sens, je ne m'y arrêterais pas; je méprise d'avance leurs attaques téméraires. Les vérités mathématiques ne doivent être jugées que par des mathématiciens. » D'ailleurs, pour plus de sûreté, il ne présenta son ouvrage que comme une hypothèse : « Les astronomes s'étant permis d'imaginer des cercles pour expliquer les mouvements des astres, j'ai cru pouvoir également examiner si la supposition du mouvement de la Terre rend plus exacte et plus simple la théorie de ces mouvements. »

Cette doctrine copernicienne ne fut pas d'abord défendue avec assez de talent contre ses nombreux contradicteurs. Un grand astronome, Tycho-Brahé, essaya même de la renverser, tout en reconnaissant qu'elle expliquait très-nettement le système du monde. Voulant concilier l'observation avec l'Écriture, il rendit l'immobilité à la Terre, fit circuler toutes les autres planètes, Mercure, Vénus, Mars.... autour du Soleil et donna à tous ces corps un mouvement commun de rotation autour de notre globe, s'effectuant en vingt-quatre heures.

Mais Galilée (né en 1564) devait bientôt devenir le champion le plus redoutable des idées de Copernic. Je ne vous raconterai pas la vie de cet homme éminent; vous la trouverez exposée dans son plus grand jour dans le savant ouvrage de M. Trouessart, professeur de physique à la faculté de Poitiers, ayant pour titre : *Galilée, sa mission scientifique, sa vie et son procès;* et dans la notice insérée dans la *Revue des Deux Mon-*

es, 1er novembre 1864, et intitulée : *Galilée, sa vie et a mission scientifique*, d'après des recherches nou- elles, par J. Bertrand, membre de l'Institut. Je vous lirai seulement qu'à l'aide de ce merveilleux instru- ment dont je vous ai parlé hier au soir, la lunette l'approche, il put établir ses assertions sur des obser- ations précises qu'il s'empressait de faire vérifier à es auditeurs. Doué d'une parole à la fois simple et élégante, il parvenait facilement à convaince les incré- lules de bonne foi et usait avec une rare habileté de l'ironie socratique envers ses contradicteurs passion- és ; il trouvait réponse à toutes les objections sérieuses ou oiseuses, réfutant les unes et riant des autres. Aussi on enseignement se communiquait-il rapidement, et les péripatéticiens et théologiens commençaient à craindre qu'il ne fît bientôt accepter par tous ce mouvement de la Terre, que l'on regardait alors comme contraire à la sainte Écriture ; l'Inquisition s'émut et fit condamner l'opinion copernicienne comme hérétique et défendre expressément à l'astronome florentin de la professer. Galilée obéit pendant seize ans. « Mais, dit à ce sujet Laplace, une des plus fortes passions est l'amour de la vérité dans l'homme de génie. Plein de l'enthousiasme qu'une grande découverte lui inspire, il brûle de la répandre, et les obstacles que lui opposent l'ignorance et la superstition armée du pouvoir ne font que l'irriter et accroître son énergie. » Du reste, Pascal n'a-t-il pas dit dans ses *Pensées* : « Le silence est la plus grande persécution : jamais les saints ne se sont tus. » Aussi,

en 1632, alors que son ancien ami, le cardinal Barbe-
rini, venait de recevoir la tiare sous le nom d'Ur-
bain VIII, l'illustre astronome crut le moment favo-
rable pour rompre ce silence qui lui coûtait tant; il
publia des Dialogues où les deux systèmes de Ptolémée
et de Copernic étaient vivement discutés; tout l'avantage restait évidemment au dernier; mais comme Galilée s'abstenait de conclure, il espérait éviter toute
poursuite; il en fut autrement : appelé devant le Saint-
Office, il fut condamné à la prison pour un temps illi-
mité et ne dut son élargissement qu'à la puissante
intervention du grand-duc de Toscane. Ce qui dut lui
être bien pénible, c'est la rétractation qu'on exigea de
lui; le célèbre vieillard, à l'âge de soixante-dix ans,
demanda pardon d'avoir soutenu une vérité et l'abjura
à genoux. On raconte qu'au moment où il se releva,
agité par le remords d'avoir fait un faux serment, les
yeux baissés vers la Terre, il dit en la frappant du pied:
« Et cependant elle se meut. » Mais Arago et Biot font
observer avec raison que c'eût été de sa part une trop
grande imprudence.

Était-ce la personne de Galilée que l'on attaquait?
Évidemment non; ses juges étaient ses amis, et on
n'ignore pas les ménagements dont ils l'entourèrent
pendant le procès. Fut-il condamné au supplice du feu
comme il le méritait à cause de sa désobéissance?
Subit-il la torture, comme l'exigeaient les règles de l'Inquisition? Non. L'homme était hors de cause; ce que
l'on voulait atteindre, c'était la doctrine qu'il défen-

dait si habilement, cette doctrine du mouvement de la Terre, qui aujourd'hui est professée publiquement à l'Observatoire de Rome par le savant P. Secchi, mais qui alors était réputée dangereuse plus encore que l'hérésie de Luther et que l'on espérait étouffer comme elle l'avait été jadis à Athènes.

Mais les temps étaient changés. Galilée, véritable fondateur de la philosophie naturelle, venait d'ouvrir à la science la voie qu'elle devait désormais parcourir d'un pas si rapide, brisant les chaînes qui l'avaient si longtemps entravée, renversant comme un torrent impétueux les préjugés d'un autre âge. Une ère nouvelle commençait.

Parmi toutes les objections que l'on faisait à Galilée, beaucoup étaient si futiles et si extravagantes, que vous auriez peine à vous en faire idée, si je ne vous en citais quelques-unes. Je les extrais de la notice de M. Joseph Bertrand : « Les animaux, lui disait-on gravement, ont des membres et des articulations pour se mouvoir ; la Terre, qui n'en a pas, ne peut se mouvoir comme eux. A chaque planète, *on le sait*, est attaché un ange spécialement chargé de la conduire ; mais pour la Terre, où pourrait habiter son conducteur ? à la surface ? on le verrait bien ; au centre ? c'est la demeure des démons. La course fatigue les animaux ; si la Terre se déplaçait du rapide mouvement que l'on suppose, elle serait depuis longtemps fatiguée d'un si grand effort et se reposerait. »

D'autres objections, il est vrai, paraissaient sérieuses ;

4

celle-ci, par exemple : Un corps abandonné à lui-
même ne devrait pas tomber au pied de la verticale,
mais un peu à l'occident, puisque, pendant la chute,
la Terre s'est mue vers l'orient. Mais Galilée répondait : « L'objet, au moment du départ, a le même
mouvement que la Terre, il conserve cette vitesse pendant la chute, et, par conséquent, ne doit pas rester en
arrière. » Il y a plus (et c'est Newton qui le premier a
fait cette remarque), il doit se porter en avant vers
l'orient, si la hauteur de laquelle il tombe est très-
grande. Supposons, en effet, qu'on l'abandonne du haut
d'une tour très-élevée ; il possède, au moment où il
commence à tomber, la vitesse du sommet de la tour
qui est plus grande que celle du pied, puisqu'il décrit
dans le même temps, vingt-quatre heures, une circonférence d'un plus grand rayon ; en vertu de cet excès
de vitesse, il doit s'avancer un peu dans le sens du
mouvement de la Terre, c'est-à-dire vers l'orient. Cette
expérience a été faite plusieurs fois depuis cette époque
dans des puits de mine très-profonds et a bien réussi ;
pour une hauteur de $158^m,5$, M. Riech a trouvé une
déviation de $28^{mm},3$; la théorie indiquait une déviation
de $27^{mm},6$.

— Si l'on pouvait, observa Albert, se soustraire au
mouvement de la Terre, on aurait un moyen bien simple
de voyager ; il est vrai qu'on irait toujours du même
côté, vers l'occident ; on n'aurait qu'à sauter et se maintenir un peu en l'air, pendant ce temps la Terre fuirait
sous les pieds.

— On irait même ainsi assez vite; à l'équateur, par exemple, on parcourrait $\frac{1}{10}$ de lieue à chaque saut, si l'on restait une seconde au-dessus de la Terre. C'est ce qui faisait dire à Buchanan, poëte écossais, que, si la Terre tournait, la tourterelle n'oserait plus s'élever de son nid, car bientôt elle perdrait inévitablement la vue de ses petits. Il ignorait que la tourterelle, son nid, l'atmosphère dans laquelle elle vole participent à un mouvement commun, celui de la Terre, lequel mouvement n'influe en rien sur le mouvement propre de cette tendre mère.

— Si l'air ne suivait pas la terre, et que notre globe se mût au-dessous de lui, il en résulterait une singulière conséquence, dit en riant mon perspicace lycéen; nous ne serions jamais sûrs du temps quand nous partirions pour la promenade. En effet, l'état du ciel devrait pendant la journée passer par les alternatives les plus diverses; à un ciel très-pur pourrait succéder, un instant après, une pluie torrentielle.

— Sans doute, ajoutai-je; nous visiterions successivement toutes les régions de l'atmosphère recouvrant notre parallèle, et c'est ce qui fait dire à la marquise, s'adressant à Fontenelle : « Il me vient une difficulté sérieuse : si la Terre tourne, nous changeons d'air à chaque moment et nous respirons toujours celui d'un autre pays? — Nullement, Madame, répond Fontenelle; l'air qui environne la terre ne s'étend que jusqu'à une certaine hauteur, peut-être jusqu'à vingt lieues tout au plus; il nous suit et tourne avec nous. » Mais cette fixité de l'atmosphère produirait un effet bien plus grave encore : le frottement que nous éprouverions de la part de l'air serait le même que si cet air avait la vitesse qui nous anime. Cette vitesse serait de 400 mètres par seconde à l'équateur; eh bien, les ouragans les plus violents, capables de renverser les édifices, ont une vitesse de 50 mètres seulement par seconde. Ainsi, si l'atmosphère s'arrêtait, toutes les constructions humaines seraient infailliblement et instantanément renversées. Descartes n'avait pas pensé à cette terrible conséquence, quand, pour expliquer les *vents alizés*, ces vents qui soufflent constamment et sensiblement de l'est à l'ouest vers le dixième degré de latitude de notre hémisphère, il disait que la Terre laissait en arrière l'air qui la recouvrait. Il oubliait aussi sans doute que si telle était la cause de ces courants atmosphériques, ils devaient se produire tout aussi bien dans les zones tempérées, avec moins d'intensité, il est vrai, puisque la vitesse de la Terre y est moins grande. Or, il n'en est pas ainsi, ces vents d'est ne sont constants que vers l'équateur, plus loin ils sont nord-est dans l'hémisphère boréal, sud-est dans l'hémisphère austral.

— Comment alors expliquer ces vents alizés?

— Voici la théorie généralement admise; elle est due au savant Halley. Je réponds d'autant plus volontiers à votre question, que l'existence des vents alizés peut être considérée comme une preuve indirecte de la rotation de la Terre. Vous savez sans doute que la partie de notre globe comprise entre les deux parallèles qui sont à environ vingt-trois degrés et demi de part et d'autre de l'équateur est la zone torride, la région la plus chaude de la Terre; puis viennent les deux zones tempérées, et enfin les zones glaciales qui entourent les pôles. Eh bien, vous concevez que l'air qui est en contact avec la surface de la zone torride, s'échauffant plus que celui qui s'étend sur les zones voisines, se dilatant et s'élevant comme le ferait un ballon, celui des zones tempérées doit affluer pour prendre sa place. Alors, si la Terre était au repos, il se produirait aux environs de l'équateur un vent nord-sud pour l'hémisphère boréal, et un vent sud-nord pour l'hémisphère austral; mais notre globe tournant d'occident en orient, ses points ont des vitesses de moins en moins grandes au, fur et à mesure que leurs parallèles sont plus près des pôles, et, par suite, plus petits. Aussi les courants d'air qui, vers le vingt-cinquième degré de latitude, par exemple, viennent du nord, rencontrent des couches animées de vitesses de plus en plus grandes dans le sens du mouvement de la Terre; en passant d'un parallèle au suivant, ils marchent moins vite qu'ils ne le devraient pour accompagner la Terre, ils arrivent en retard; de là un choc de sens contraire au mouvement terrestre, et par conséquent un vent est qui, se combinant avec le vent nord-sud, produit un vent nord-est. D'ailleurs, l'intensité de ce vent diminue vers l'équateur, où se trouve la région des calmes, parce que les différences de vitesse des parallèles vont, elles aussi, en di-

4.

minuant, et que l'air qui afflue du nord finit par acquérir par son frottement avec le sol la vitesse même de la Terre.

Remarquez aussi que le courant supérieur donne naissance à un vent opposé que les nuages élevés permettent d'observer, et cet alizé supérieur se rapproche de plus en plus du sol et finit par l'atteindre.

Vous ne serez pas non plus étonné quand je vous dirai que les navigateurs ont à compter avec ces courants : ainsi, ceux qui partent de nos côtes pour se rendre vers les régions équatoriales de l'Amérique profitent de l'alizé nord-est inférieur, mais ont à lutter contre lui au retour; tandis que ceux qui traversent l'Atlantique dans les régions plus boréales, qui vont, par exemple, d'Angleterre aux États-Unis, ont contre eux les vents alizés supérieurs qui soufflent du sud-ouest, mais en profitent à leur retour.

A demain des preuves plus décisives encore du mouvement de rotation de notre globe.

SIXIÈME SOIRÉE

Mouvement de rotation de la Terre. — Preuves expérimentales.
— Pendule de Foucault. — Gyroscope. — Aplatissement de
la Terre aux pôles.

— Enfin, s'écria Albert dès qu'il me vit, c'est donc ce
soir que je vais voir tourner la Terre ; les preuves rationnelles que vous m'avez données m'ont certainement
bien convaincu ; j'ai aussi été frappé de cette déviation
à l'orient de la pierre tombant librement d'une grande
hauteur, c'est une curieuse et péremptoire expérience,
mais elle est difficile à exécuter, et je ne l'ai pas vue.
La théorie des vents alizés exige bien également le mouvement de rotation de notre globe, mais est-elle exacte ?
Vous m'avez promis de me faire pour ainsi dire toucher du doigt ce mouvement qui m'emporte et dont je
n'ai pas conscience, je suis très-impatient de connaître
cette.... fameuse expérience.

— Vous pouvez sans crainte, répondis-je, vous servir de cette épithète; pas une expérience n'a peut-être eu autant de retentissement que celle du *pendule de Foucault*; cet habile physicien n'aurait pas d'autres titres à l'immortalité, que celui-là suffirait pour la lui assurer. N'allez pas croire cependant que cette découverte a exigé de la part de son auteur un laborieux enchaînement de conceptions difficiles? non, il ne lui a fallu qu'une excellente inspiration, un trait de génie. Je pourrais vous citer bien d'autres importantes découvertes dont le point de départ a été une simple idée, spontanément éveillée dans un esprit supérieur. C'est ainsi, par exemple, que Denys Papin, de Blois (1690), trouva le principe de l'application de la vapeur comme force motrice.

— Oh! racontez-moi donc comment il y arriva.

— Je le veux bien, deux mots suffiront. On avait découvert, il n'y avait pas très-longtemps, que l'air est pesant, qu'il exerce sur chaque centimètre carré une pression de plus d'un kilogramme ($1^k,3$); un célèbre physicien, Otto de Guéricke, bourgmestre de Magdebourg, avait inventé, en 1654, la machine pneumatique, qui permet de faire sensiblement le vide dans une enceinte. Alors, on s'était proposé ce problème : Un piston peut glisser à frottement doux dans un corps de pompe vertical fermé par en bas, mais dont la partie supérieure est en communication avec l'atmosphère; ce piston étant en haut du cylindre, faire rapidement le vide au-dessous, de façon que la pression atmosphérique, agissant sur sa face supérieure, le fasse

lescendre jusqu'au fond. Bien des moyens furent ima-
jinés, aucun ne donnait le vide assez promptement;
nais Papin eut l'idée de faire équilibre à la pression
itmosphérique en introduisant de la vapeur d'eau
ouillante au-dessous du piston quand il était arrivé
u fond du corps de pompe, à faire monter le piston
u moyen d'un contre-poids placé à l'extrémité d'un ba-
ancier, et enfin, quand il était arrivé au haut de sa
ourse, à faire le vide presque instantanément en condensant la vapeur au moyen d'eau froide versée dans
un manchon qui entourait le cylindre. Était-ce simple?
Eh bien, c'était une magnifique découverte. Ce jour-là
la machine à vapeur était inventée.

Tout en causant, nous nous étions dirigés vers ma
salle à manger; nous y entrâmes. J'avais ôté la suspension; à son piton, j'avais attaché l'extrémité d'un fil de
soie terminé par une boule de fer, présentant une pointe
vers le bas; au-dessous, j'avais laissé la table ronde, et,
le long de ses bords, j'avais disposé un petit monticule
de sable fin.

— Si c'est tout l'appareil, observa mon élève, il n'est
pas compliqué. Tout se réduit à un pendule suspendu
au-dessus du centre de votre table.

—Mon Dieu, oui, répliquai-je. Seulement, remarquez
bien que le fil est assez long, qu'il est presque sans
torsion, et que le corps pesant est assez lourd.

— Que voulez-vous dire par ces mots : *presque sans
torsion ?*

— Quand vous tordez un fil de fer, maintenu à une

de ses extrémités, en agissant à l'autre, ses molécules perdent leurs positions d'équilibre, mais elles tendent à y revenir ; le fil fait effort pour se dérouler et reprendre son premier état ; c'est un effet d'élasticité. Mais si le fil est fin et presque dénué d'élasticité, alors la force de torsion est presque nulle, la résistance qu'oppose le fil à sa torsion est presque insensible, on dit qu'il est presque sans torsion.

Écartons maintenant le pendule de sa position verticale.

— Il va y revenir, je sais cela ; mais il la dépassera, car à ce moment il sera tombé d'une certaine hauteur, et la pesanteur qui a agi sur lui pendant sa chute lui a communiqué une certaine vitesse. En vertu de cette vitesse acquise, il remontera de l'autre côté à la même hauteur ; il aura alors perdu toute sa vitesse ; il se trouvera dans les mêmes conditions que lorsqu'il a commencé à marcher ; il redescendra donc et continuera ainsi à osciller sans jamais s'arrêter.

— Oui, il en serait ainsi, si notre expérience se faisait dans le vide, sans résistance de la part de l'air et qu'il n'y eût pas de frottement au point d'attache ; mais, dans les conditions où nous l'effectuons, les oscillations finiraient par s'éteindre ; il est vrai que nous ne leur en donnerons pas le temps.

Pour que notre pendule parte sans secousse, nous allons attacher son poids avec un brin de coton à ce bouton de porte ; nous n'aurons qu'à le brûler, et le pendule se mettra en marche.

— Pourquoi tenez-vous à éviter toute secousse?

— C'est que l'expérience consiste à observer la déviation du plan dans lequel s'exécutent les oscillations. Or, sachez qu'il est mathématiquement établi qu'elles doivent toutes s'effectuer dans la même direction, dans le même plan. C'est en cela que consiste le principe de *l'invariabilité du plan d'oscillation du pendule.* Si donc nous constatons une déviation, elle ne sera qu'apparente, et il ne vous sera pas difficile d'en deviner la cause.

— Je comprends, dit vivement Albert, j'ai trouvé, ευρηκα, comme disait le grand Archimède; nous conclurons que c'est la table qui se meut sous le pendule, et que n'ayant pas conscience du mouvement qui nous emporte, nous et la table, nous l'attribuons à tort au plan d'oscillation du pendule.

— Précisément, mon ami. Et je brûlai le fil, et le pendule partit en enlevant avec sa pointe le sable du monticule aux deux bouts du diamètre de la table qui se trouvait dans le plan de la première oscillation.

Nous suivions les allées et venues de notre pendule, lorsque Albert rompit le silence :

—Il me vient un doute : le plafond se meut comme la table qui repose sur le parquet, donc le pendule qu'il supporte va participer à ce mouvement, vous auriez dû l'attacher *dans le vide.*

— Cela m'aurait été difficile, dis-je en riant; mais vous oubliez que le fil est très-fin, à peu près sans torsion, et le corps pesant très-lourd; le plafond ferait-il tout un tour sur lui-même, le fil se tordrait lui aussi d'un tour, mais l'insignifiante force de torsion qui en résulterait serait incapable d'apporter aucun changement dans la direction du plan des oscillations.

Pendant ce temps, le pendule avait déjà tourné d'une quantité appréciable, le sillon que présentait le sable était suffisamment large pour qu'il n'y eût aucun doute sur la déviation du plan d'oscillation du pendule.

— C'est admirable de simplicité, s'écria mon jeune élève, il n'y a pas d'objections à faire, il faut rendre les armes.

— Ne nous pressons pas tant, lui répondis-je ; vous avez admis le principe de l'invariabilité du plan d'oscillation du pendule, mais s'il était faux?

— Comment, vous m'auriez donc trompé?

— Je m'en suis bien gardé ; cependant je tiens à ce que ma démonstration soit tout à fait irréprochable, pour que vous ne puissiez conserver l'ombre d'un doute et que vous soyez armé de façon à pouvoir répondre à l'occasion à ceux qui oseraient l'attaquer devant vous.

Voyons, si je vous disais : supposons le principe vrai et admettons la rotation de la Terre, puis partant de ces hypothèses, cherchons mathématiquement l'angle dont le plan du pendule devra paraître tourner dans l'espace d'un jour en différents lieux de la Terre ; cet angle est plus ou moins grand suivant que le lieu de l'expérience est plus ou moins près du pôle. Eh bien, si nous trouvons que le résultat mathématique s'accorde *toujours* avec celui de l'expérience, ne sera-t-il pas démontré

avec la dernière évidence que nos suppositions étaient
l'expression même de la vérité?

— Sans doute, mais comment déterminer cet angle?

— Prêtez-moi un moment d'attention et vous le comprendrez. Si vous voulez bien, nous allons faire une
figure, ce sera beaucoup plus clair. La sphère de
centre T, que je trace, représente la Terre, PP′ est la
ligne des pôles, c'est l'axe de rotation; le mouvement a
la direction de la flèche, de droite à gauche pour un

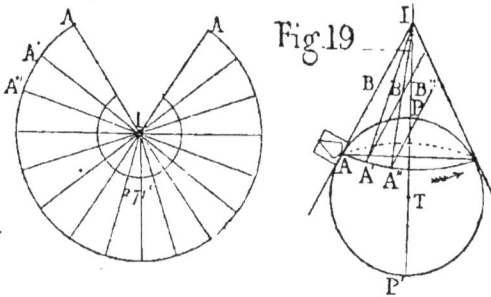

Fig.19

observateur couché le long de TP, ayant les pieds en T
et la tête du côté du pôle nord P; A est un point de la
surface terrestre, celui où nous sommes, par exemple;
en un jour ce point parcourt le parallèle AA′A″.... que
nous supposerons partagé en un très-grand nombre de
parties égales AA′, A′A″.... je mène la tangente AI
au méridien PAP′, c'est la méridienne, l'intersection du
plan du méridien avec celui de l'horizon; cette droite
rencontre le prolongement de la ligne des pôles en I, et
dans l'espace d'un jour elle va successivement coïncider

5

avec IA', IA''.... *ainsi elle change constamment de direction* en engendrant la surface du cône de révolution IAA'A''....

Supposons que nous étions en A lorsque nous avons commencé l'expérience et que nous ayons donné à la première oscillation du pendule la direction AI; alors, un instant après, quand nous avons été en A', la direction du plan du pendule, qui était restée la même A'B', a paru déviée de l'angle IA'B' ou de son égal AIA' (comme alternes internes par rapport aux parallèles AB, A'B' coupées par la sécante IA'). Une déviation analogue aura lieu pendant l'instant suivant, le plan d'oscillation du pendule paraîtra avoir tourné du nouvel angle A'IA''.... de telle sorte qu'au bout d'un jour l'angle qui représentera la déviation du plan du pendule sera celui du secteur de cercle qu'on obtiendrait en étalant la surface du cône IAA'A''.... sur un plan. Cet angle, facile à calculer, est à Paris, par exemple, de 271°, ce qui s'accorde parfaitement avec l'expérience; le pendule y paraît tourner de 271° en un jour. A l'équateur l'angle est *nul*, puisque les lignes AI, A'I, A''I.... sont parallèles à la ligne des pôles, la méridienne conserve toujours la même direction, le plan d'oscillation du pendule y paraît immobile. Enfin au pôle P la méridienne tourne de 360°, la table pivote complétement sur elle-même et le plan d'oscillation du pendule paraît faire tout un tour. Cette déviation avait été observée par les disciples de Galilée et en particulier par Viviani et Poléni, mais ils n'en avaient tiré aucune consé-

quence relativement au mouvement de la Terre. Cette
découverte était réservée à un habile physicien de nos
jours, M. Foucault. Il a fait l'expérience la première
fois au Panthéon en 1851.

Ce même savant a encore démontré la rotation de la
Terre au moyen d'une autre expérience qui a du reste
beaucoup d'analogie avec celle du pendule. Son appareil,
qu'il a appelé le *Gyroscope*, est composé essentiellement
d'un corps que les mathématiciens nomment un tore
circulaire et qui a la forme de certains pains de bou-

Fig. 20

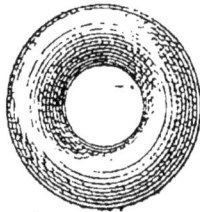

langer ronds et creux intérieurement appelés couronnes.
Une machine convenable permet de donner à ce tore
un mouvement de rotation très-rapide. Il est alors
subitement transporté sur une autre pièce très-mobile
dans laquelle il continue à tourner avec son excessive
vitesse, son plan de rotation se maintenant toujours
dans la même direction. Une longue aiguille horizontale
fixée à cette pièce paraît se mouvoir sur un cadran dont
le pied repose sur le sol, alors que c'est le cadran lui-
même qui tourne au-dessous d'elle.

Avant d'abandonner ce sujet, je vous donnerai une dernière preuve de la rotation de la Terre : elle est due à Newton et est fondée sur l'aplatissement de notre globe aux pôles et son renflement à l'équateur. La Terre n'est pas tout à fait sphérique, elle est ellipsoïdale, et cette forme s'accorde parfaitement avec le fait de sa rotation et sa nature fluide primitive.

Vous savez que quand on fait tourner vivement une pierre attachée à l'extrémité d'un fil, ce fil est fortement tendu et sa tension augmente avec la rapidité du mouvement. Cette force s'appelle *centrifuge*, puisqu'elle tend à éloigner le mobile du centre de sa trajectoire.

— Il arrive même quelquefois, observa Albert, que le fil se rompt, et la pierre part suivant la tangente à la circonférence qu'elle décrivait.

— C'est vrai. Eh bien, vous comprenez aussi que les différents points de la Terre décrivent dans le même temps, un jour, des circonférences d'autant plus grandes qu'ils sont plus voisins de l'équateur et ont ainsi des vitesses différentes; aussi la force centrifuge diminue de l'équateur aux pôles, et lorsque la Terre était fluide ou à l'état pâteux elle a dû se dilater à l'équateur et par suite s'aplatir aux pôles.

Cette assertion est complétement confirmée par une curieuse et délicate expérience de M. Plateau. Ce physicien distingué compose avec de l'eau et de l'alcool un liquide de même densité que de l'huile colorée en rouge. Dans un vase en verre plein de ce mélange d'eau et d'alcool, il dépose avec une pipette quelques gouttes de l'huile; celles-ci se réunissent en une masse sphérique immobile à la place où elle s'est formée. C'est alors qu'il introduit dans la petite sphère, suivant l'un de ses diamètres, un fil de platine auquel il donne un mouvement rapide de rotation; la boule adhérant au fil prend le même mouvement, et on la voit présenter aux deux

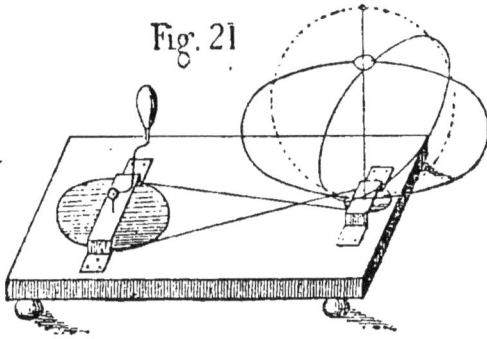

Fig. 21

extrémités de l'axe un aplatissement d'autant plus grand que la tige métallique tourne plus vite.

On peut prouver le même fait avec un appareil bien connu. Deux ressorts circulaires, disposés perpendiculairement l'un à l'autre, sont fixés par leur partie inférieure à une tige verticale et sont attachés par leur partie supérieure à un anneau qui peut glisser le long de cet axe. Une poulie sur laquelle passe une corde sans fin qui va s'enrouler sur une autre poulie munie d'une manivelle, est adaptée au bas de la tige et permet de lui imprimer un mouvement rapide de rotation.

Pendant ce mouvement on voit les cercles d'acier s'a-
platir dans le sens vertical, et s'étendre horizontalement
d'autant plus que la rotation s'effectue plus rapidement.

SEPTIÈME SOIRÉE

Latitude et longitude d'un point de la Terre. — La Terre n'est pas tout à fait sphérique. — Elle est ellipsoïdale. — Déclinaison et ascension droite d'une étoile.

— Ce soir, mon cher Albert, nous allons achever l'étude de la Terre; vous avez remarqué sans doute que j'ai beaucoup insisté sur ce sujet. Avant d'entreprendre un long voyage au travers des mondes de l'espace, il importait que nous connussions exactement notre frêle embarcation. C'est de ce point imperceptible que notre œil armé du télescope sondera les profondeurs de l'univers; mais comment aurions-nous pu explorer ces champs immenses de la création, si nous n'eussions commencé par prendre possession de notre base d'opérations et y installer avec soin nos moyens d'observation. Pourriez-vous dire en quelques mots ce que vous savez sur notre globe?

— Ce que je sais? Eh bien, c'est un corps isolé dans l'espace, sensiblement sphérique; au premier abord il paraît très-gros, mais son rayon est infiniment petit par rapport à celui de la sphère céleste. Toutes les étoiles sont tellement éloignées de nous qu'elles nous paraissent sur une surface sphérique dont le centre est notre œil, ou, ce qui revient au même, le centre de la Terre. Cependant, quand on compare notre globe à d'autres corps célestes plus rapprochés, il prend de plus grandes dimensions; dès lors il n'est plus permis de le regarder comme un simple point; devant le Soleil lui-même, qui est cependant très-loin de nous, la Terre fait assez bonne figure.

— Pas trop, observai-je; cependant sa grosseur est encore comparable à celle de l'astre du jour; vous verrez bientôt que la Terre est 1 200 000 fois plus petite que le Soleil.

— Je sais aussi que notre globe tourne d'un mouvement uniforme, d'occident en orient, en 24 heures et que c'est cette rotation dont nous n'avons pas conscience qui nous fait croire à celle du ciel s'effectuant en sens contraire d'orient en occident. Je comprends très-bien qu'un méridien terrestre, celui de Saint-B.... par exemple (demi-cercle qu'on obtiendrait en coupant la Terre par un plan passant par la ligne des pôles et Saint-B.. .), tourne autour de cette ligne dans l'espace d'un jour; il revient 24 heures après à sa première position après avoir coïncidé successivement avec les différents cercles horaires de la sphère céleste.

— Alors vous voyez que chaque jour Saint-B.... emporté par le mouvement de la Terre, en décrit un parallèle. Un autre lieu plus ou moins rapproché de l'équateur parcourt un autre parallèle. Vous savez comment on appelle la distance du parallèle d'un lieu à l'équateur?

— Mais oui; j'ai vu en géographie que c'est la *latitude*.

— Bien; seulement, comme le lieu peut être dans un hémisphère ou dans l'autre, la latitude est boréale ou australe; vous concevez aussi que cette distance, comptée sur le méridien du lieu, n'est pas estimée en lieues ou en mètres, mais en degrés, minutes, etc.; ainsi la latitude de Saint-B.... est de 46° 34′ et boréale.

— Cela veut dire que son parallèle est dans l'hémisphère boréal et à 46° 34′ de l'équateur.

— C'est cela. Maintenant voici comment on détermine la latitude : Observez à la lunette méridienne les deux

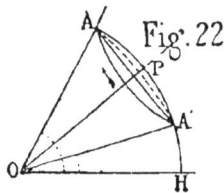

Fig. 22

passages d'une même étoile circumpolaire, vous obtiendrez les deux angles AOH, A'OH ou les deux hauteurs méridiennes de l'astre, AH et A'H, puis, ajoutant ces deux arcs, vous aurez le double de la hauteur du pôle

5.

au-dessus de l'horizon PH, parce que AH est égal à PH augmenté de AP′ et que A′H est égal à PH diminué de A′P ou AP. Alors, prenant la moitié de cette somme, vous obtiendrez l'arc PH. A Saint-B.... vous trouverez que cette hauteur du pôle est de 46° 34′; telle est la latitude de ce lieu; à Paris, la hauteur du pôle ou la latitude est de 48° 50′.

— C'est bien simple, remarqua mon élève, je ferai cette détermination; mais je ne vois pas pourquoi la latitude est égale à la hauteur du pôle au-dessus de l'horizon.

— Je vais vous le faire comprendre, mais arrêtons-nous un instant, il faut une figure; soit T le centre de la Terre, la circonférence PAP′ que je viens de tracer est le méridien du lieu A, TE est l'intersection de ce méridien avec le plan de l'équateur de la Terre, Az est la verticale du lieu (elle va passer par le centre), AH est la méridienne (c'est la tangente au méridien, elle est

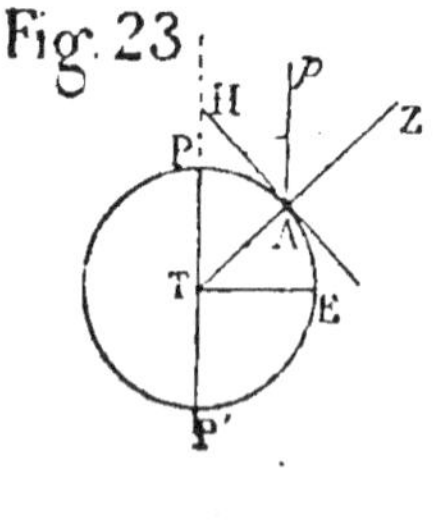

Fig. 23

par suite perpendiculaire à la verticale TAz); menons Ap dans la direction du pôle céleste; cette droite et la ligne des pôles allant concourir à l'infini sont parallèles et par conséquent perpendiculaires à TE; considérons alors les deux angles pAH et ATE, le premier est la hauteur du pôle au-dessus de l'horizon, le second est la latitude, et ces deux angles sont bien égaux puisqu'ils ont leurs côtés respectivement perpendiculaires.

Parlons maintenant de la *longitude*; on appelle ainsi la distance comprise sur l'équateur entre le méridien du lieu et un autre qui a été pris pour origine; en France, le premier méridien est celui qui passe par l'observatoire de Paris; en Angleterre, c'est celui qui passe par Greenwich. Il est bien entendu que la distance dont je parle est comptée en degrés, minutes.... J'ajouterai que la longitude est orientale ou occidentale suivant que le méridien du lieu est à l'orient ou à l'occident du premier méridien : la longitude de Saint-B.... est de 2° et occidentale, celle de Nancy est de 3° 51' et orientale.

Les procédés qui permettent d'obtenir la longitude sont tous basés sur l'uniformité du mouvement de rotation de la Terre.

Supposons d'abord qu'un chronomètre ait été réglé à Paris sur une étoile Rigel, par exemple, c'est-à-dire qu'il marque 0 heure 0 minute au moment où l'étoile passe au méridien de cette ville.

— C'est-à-dire au moment où le méridien de Paris passe à l'étoile, coïncide avec le cercle horaire de l'étoile. Dans 24 heures sidérales il y aura, n'est-ce pas?

une nouvelle coïncidence du méridien du lieu et du cercle horaire de l'étoile, et le chronomètre marquera de nouveau 0 heure 0 minute.

— C'est juste. Eh bien, qu'on emporte ce chronomètre à Saint-B...., croyez-vous qu'il marquera 0 heure 0 minute quand vous apercevrez Rigel dans la lunette méridienne?

Albert réfléchit un instant.

— Vous m'avez dit, il y a un moment, que Saint-B.... est à l'occident de Paris; son méridien est donc à la remorque de celui de Paris, et, quand il coïncidera avec le cercle horaire de Rigel, il y aura déjà un certain temps que la coïncidence aura eu lieu pour le méridien de Paris; il sera donc un peu plus de 0 heure 0 minute.

— Notre chronomètre marquera 8 minutes; en effet, la Terre tournant uniformément de tout un tour ou de 360⁰ dans 24 heures, tourne du vingt-quatrième de 360⁰ ou de 15⁰ dans une heure, et par suite de 1⁰ dans le quinzième d'une heure ou 4 minutes.... et de 2⁰ dans 8 minutes, ajoutai-je; si donc nous observons le passage de l'étoile 8 minutes après Paris, nous sommes à 2⁰ à l'occident de Paris.

— Pour vous montrer que j'ai bien saisi, reprit Albert, je vais vous dire ce qu'on observerait à Nancy; le chronomètre, réglé sur Rigel à Paris et transporté de cette ville à Nancy, y marquerait *moins* de 0 heure 0 minute au moment du passage; c'est maintenant le méridien de Nancy qui précède celui de Paris; quand le méridien de Nancy se présente à l'étoile, celui de Paris est en arrière ; ce sera donc un peu plus tard que le chronomètre marquera 0 heure 0 minute ; au moment du passage à Nancy, il doit être 23 heures et quelque chose. Attendez, je vais faire le calcul : la longitude de Nancy est, m'avez-vous dit, de 3^0 51′ et orientale. Or, 1^0 correspondant à 4 minutes de temps, 1′ vaut 60 fois moins ou $\frac{4}{60}$ de minute, ou 4 secondes de temps ; 51′ valent donc 51 fois 4 secondes ou 204 secondes, ou

$$3 \text{ minutes } 24 \text{ secondes;}$$

quant aux 3^0, ils correspondent à   12 minutes.

Donc $3^0 51'$ correspondent à 15 minutes 24 secondes.

Il sera donc 24 heures moins 15 minutes 24 secondes ou 23 heures 44 minutes 36 secondes.

Il me vient une idée, ajouta mon élève ; si le chronomètre était réglé à Paris sur le Soleil, qu'il marquât midi au passage du Soleil au méridien dans cette ville, transporté à Saint-B.... il marquerait midi 8 minutes lorsqu'il serait midi juste, il avancerait de 8 minutes sur l'horloge de l'église.

— Certainement, répondis-je. Et réciproquement, si vous voulez prendre le train à midi à la gare de Saint-B.... il ne faudra pas vous fixer sur l'horloge, vous arriveriez 8 minutes *en retard*, puisque l'heure de la gare est celle de Paris.

— Il résulte de là, observa Albert, qu'une personne qui ferait le tour de la Terre, en partant, par exemple, de Paris et se dirigeant toujours vers l'ouest, trouverait que sa montre, réglée au départ, avancerait constamment sur celle des lieux où elle passerait successivement. Supposons que ce voyageur se soit avancé de 15° à l'ouest du méridien de Paris, quand en ce lieu il sera midi, sa montre marquera 1 heure ; qu'il marche encore de 15° dans le même sens, et à midi, dans le nouveau lieu, sa montre accusera 2 heures.... Si donc il ne consulte pas les horloges des diverses villes qu'il rencontre et s'il fait tout le tour de la terre, revenu au point de départ, Paris, sa montre avancera de 24 heures ou de tout un jour ; il comptera un jour de plus que s'il n'avait pas quitté cette ville. Le voyageur aurait au contraire constaté un retard d'un jour s'il eût marché d'occident en orient. Maintenant je comprends bien ce fait, mais j'avoue qu'il m'avait bien étonné quand j'avais lu le roman de Jules Verne intitulé : *le Tour du monde en quatre-vingts jours.*

— On pourrait aussi déterminer la longitude de la manière suivante : deux observateurs, l'un à Paris, l'autre au lieu en question, régleraient chacun un chronomètre sur la même étoile, puis ils le consulteraient au même instant ; ces instruments ne donneraient évidemment pas la même heure. Celui de Saint-B...., par exemple, serait *en retard* de 8 minutes et celui de Nancy serait au contraire *en avance* de 15 minutes 24 secondes sur celui de Paris. On en conclurait facilement que la longitude de Saint-B.... est occidentale et de 2° et que celle de Nancy est orientale et de 3° 51′.

Mais comment les deux observateurs pourront-ils se donner un coup de coude? Eh bien! le télégraphe procure un signal qu'on peut regarder comme instantané, car la vitesse de l'électricité est excessivement grande. D'autres fois on se sert d'un phénomène céleste visible au même instant dans les deux lieux; le commencement d'une éclipse de Lune, par exemple. Cassini s'est jadis servi d'un procédé analogue, mais qui offrait moins de précision : de la poudre brûlée sur une éminence pendant une nuit sereine éclaire assez vivement le ciel pour qu'on puisse apercevoir la lueur à une quinzaine de lieues. Alors, entre les deux lieux A et B, on choisissait les stations C, D.... telles que les intervalles AC, CD....

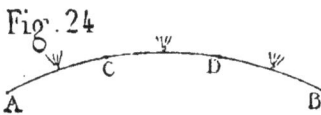

Fig. 24

fussent d'une trentaine de lieues; l'explosion de fusées au milieu de ces intervalles permettait d'obtenir successivement la longitude de C par rapport à A, celle de D par rapport à C, celle de B par rapport à D, et en faisant leur somme on avait la longitude de B par rapport à A.

— Je pensais tout à l'heure, dit Albert, à ces mots *latitude* et *longitude*, je ne vois pas ce qui peut les avoir fait imaginer.

— Ils rappellent, mon ami, ceux de largeur et de

longueur, parce que la partie de la Terre connue des anciens était plus longue dans le sens de l'équateur (des îles Canaries à l'Inde) que dans celui des méridiens (des côtes de l'Afrique à la Germanie).

— La latitude et la longitude, telles que vous me les avez définies, déterminent la position d'un lieu sur la Terre, la latitude donnant le parallèle qu'il décrit et la longitude la distance de son méridien à un autre méridien choisi pour origine; mais, dans tout ce qui précède, nous supposions la Terre parfaitement sphérique, et elle ne l'est pas tout à fait, n'est-ce pas?

— Vous dites vrai; notre globe est un peu aplati aux pôles; le rayon qui va aux pôles est de 6 356 080 mètres, tandis que celui de l'équateur est un peu plus grand, il est de 6 377 398 mètres; la différence de ces rayons est la deux-cent-quatre-vingt-dix-neuvième partie de celui de l'équateur, aussi dit-on que l'aplatissement est $\frac{1}{299}$: cela veut dire que si l'on partage le rayon de l'équateur en 299 parties égales, celui des pôles en compte 298. Vous voyez que cet aplatissement est très-faible; aussi la Terre est presque sphérique, et il a fallu des opérations géodésiques des plus délicates pour déterminer la véritable forme de notre globe. Elles furent exécutées en 1736 par Bouguer, la Condamine, Lemonnier, Maupertuis,... et plus tard, en 1793, Delambre et Méchain mesurèrent l'arc de méridien qui va de Dunkerque à Barcelone, et trouvèrent que la longueur du quart du méridien était de 5 130 740 toises. Lors de la réforme du système métrique, on a pris pour unité de lon-

gueur ou *mètre* la dix-millionième partie de cette longueur, ou 0ᵗ,513074; ainsi le méridien terrestre vaut
40 000 000 de mètres ou 10 000 lieues de quatre kilomètres [1].

1. En conservant les mêmes définitions pour la ligne des pôles,
l'équateur, les parallèles, les méridiens, appelant toujours latitude
du point A l'angle ABE formé par la verticale Az (qui ne passe plus,
il est vrai, par le centre, mais est toujours perpendiculaire à la méridienne AH) avec l'intersection TBE de l'équateur et du méridien,
l'angle *p*AH, hauteur du pôle au-dessus de l'horizon, est encore égal
à cette latitude ABE comme ayant les côtés respectivement perpendiculaires; pour un autre point A′, la latitude est A′B′E, mesurée par
la hauteur du pôle *p*′A′H′. Or, l'angle BIB′ est la différence entre les
latitudes ABE et A′B′E; si cet angle est suffisamment petit, de 1º par

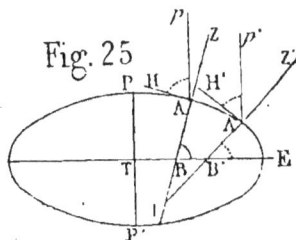

Fig. 25

exemple, il est sensiblement mesuré par l'arc AA′, et on dit que
cet arc est de 1º. Ainsi, on a marché de A′ à A de 1º si la différence
entre les hauteurs du pôle *p*AH et *p*′A′H′ est de 1º.

Si la Terre était sphérique et que par suite le méridien fût circulaire, les arcs de 1º seraient de même longueur tout le long du méridien; or, la mesure de plusieurs de ces arcs a donné des nombres
différents et d'autant plus grands qu'ils sont plus rapprochés des
pôles. Donc la Terre est *aplatie* aux pôles : car de deux arcs corres-
pondants au même nombre de degrés, à 1º par exemple, celui-là
est le plus aplati, offre le moins de courbure qui est le plus

— Est-ce que les positions des étoiles sur la sphère céleste sont déterminées de la même manière que celles des lieux de la Terre ?

— Absolument. Les coordonnées sont les mêmes, mais leurs noms sont différents ; ainsi la latitude s'appelle *déclinaison*, et la longitude *ascension droite*.

— La déclinaison d'un astre est donc la distance de cet astre à l'équateur?

— C'est cela. Cette distance est comptée sur le cercle horaire de l'astre en degrés, minutes, secondes; elle est boréale ou australe suivant que l'astre est dans l'hémisphère boréal ou l'hémisphère austral; enfin elle est facilement mesurée avec la lunette méridienne.

— Et l'ascension droite, reprit Albert, est l'angle que fait le cercle horaire de l'étoile avec un autre cercle horaire pris pour origine.

— Bien. Seulement, j'ajouterai qu'elle est toujours

grand. Maintenant on a vu que tous les arcs mesurés s'appliquent parfaitement sur une même ellipse dont on a calculé les deux axes.

Fig. 26

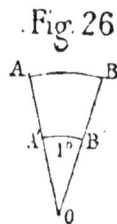

Donc enfin la courbe méridienne est elliptique, et la Terre est un ellipsoïde de révolution tournant autour de son petit axe.

:omptée dans le sens direct, le sens du mouvement de la Terre. On l'obtient en observant le temps écoulé depuis le moment où le méridien passe au cercle horaire origine jusqu'à celui de la coïncidence du méridien avec le cercle horaire de l'étoile. Ainsi s'est-il écoulé 3 heures 25 minutes, il a fallu ce temps pour que le méridien ait tourné de l'angle qui représente l'ascension droite, et par conséquent cet angle est égal à 3 fois 15° ou. . . . . 45°

plus 25 fois 15', car une minute correspond à $\frac{15}{60}$ de degré ou 15'; cela donne 375' ou. . . . . 6°15'

et en tout. . . . . 51°15'

HUITIÈME SOIRÉE

Le Soleil. — Écliptique. — Points équinoxiaux, solsticiaux. — Saisons. — Zodiaque. — Nature de l'orbite que le Soleil paraît décrire autour de la Terre. — Diamètre apparent. — Vitesse angulaire. — Le mouvement apparent du Soleil sur la sphère céleste reste le même quand on suppose que cet astre est immobile et que la Terre circule autour de lui.

— Aujourd'hui, mon cher Albert, nous commencerons l'étude du *Soleil*[1]; nous observerons d'abord sa marche sur la sphère céleste, et nous reconnaîtrons ensuite que

1. Dans le centre éclatant de ces orbes immenses,
   Qui n'ont pu nous cacher leur marche et leurs distances,
   Luit cet astre du jour, par Dieu même allumé,
   Qui tourne autour de soi sur son axe enflammé.
   De lui partent sans fin des torrents de lumière;
   Il donne en se montrant la vie à la matière,
   Et dispense les jours, les saisons et les ans
   A des mondes divers autour de lui flottants.
   　　　　　　　　　　(VOLTAIRE, *Henriade*, chant VII.)

e mouvement du Soleil n'est qu'apparent et est une conséquence forcée de la circulation de la Terre autour de
et astre.

Tout le monde sait que le Soleil n'obéit pas seulement au mouvement diurne, mais qu'il a aussi un mouvement propre au travers des étoiles; il suffit d'un intervalle de quelques.jours pour reconnaître qu'il ne se
lève et ne se couche pas toujours aux mêmes points de
l'horizon. Il n'est donc pas, comme les étoiles, rivé sur
un parallèle céleste, mais il en change chaque jour;
du 21 mars au 23 septembre[1] il est dans l'hémisphère
boréal, et pendant le reste de l'année il est au-dessous
de l'équateur; de telle sorte que pendant les six premiers mois il faudra vous tourner du côté du nord pour
le voir se lever à votre droite ou se coucher à votre gauche; mais pendant les six autres il faudra regarder le
sud, et vous le verrez se lever à votre gauche et se coucher à votre droite.

— De même aussi, observa mon judicieux élève, il est
plus ou moins élevé au-dessus de l'horizon à midi à des
époques différentes de l'année; le 21 juin, un piquet
vertical donne à midi une ombre fort petite, tandis
qu'elle est très-longue le 22 décembre; ce qui montre
bien qu'il ne passe pas chaque jour au même point du
méridien, mais que sa hauteur méridienne va sans
cesse en augmentant du 22 décembre au 21 juin.

— Au moyen de gnomons ou styles verticaux, les

1. Pour l'année 1875.

anciens parvinrent, par une étude attentive des ombres projetées sur un plan horizontal, à faire des déterminations assez précises et fort importantes relatives au Soleil. Mais aujourd'hui nous possédons des instruments qui nous conduisent à des résultats d'une bien plus grande exactitude. Ainsi, avec la lunette méridienne, nous pouvons déterminer chaque jour la déclinaison et l'ascension droite du *centre*[1] du Soleil, et ensuite rapporter sur une sphère en carton les diverses positions qu'il occupe successivement sur la sphère céleste. Qu'on trace en effet un grand cercle qui sera l'équateur, qu'on prenne sur lui un point pour origine des ascensions droites, qu'on porte, à partir de ce point, dans le sens direct des arcs égaux aux ascensions droites du Soleil correspondantes aux 365 jours de l'année, qu'on fasse passer par ces points des cercles horaires et qu'on prenne sur eux, à partir de l'équateur, des arcs égaux aux déclinaisons tantôt au-dessus, tantôt au-dessous, suivant que ces déclinaisons sont boréales ou australes, enfin qu'on joigne tous les points ainsi obtenus par un trait continu SS′S″, on aura la courbe que le Soleil paraît décrire sur la sphère céleste. Cette

---

1. Quoique le Soleil ait une certaine grosseur et que son centre ne soit pas marqué sur son disque, on comprend qu'avec le fil horizontal du réticule on peut trouver les déclinaisons des deux bords supérieur et inférieur du Soleil ; alors la moyenne de ces déclinaisons donne celle du centre. De même, qu'on amène le fil vertical à être tangent d'abord au bord occidental, puis au bord oriental du Soleil, et, en prenant la moyenne des deux ascensions droites des deux bords, on obtiendra celle du centre.

courbe est un grand cercle, appelé *écliptique*. Il est incliné sur le plan de l'équateur EE' de 23°27'; l'angle

Fig. 27

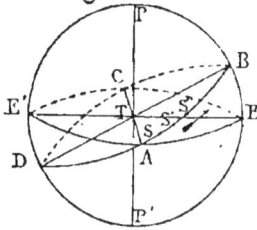

BTE est de 23°27'; les deux points A et C de rencontre de l'écliptique et de l'équateur sont dits points équinoxiaux ou équinoxes, A est l'équinoxe de printemps, C celui d'automne; et les points B et D les plus éloignés de l'équateur, soit au-dessus, soit au-dessous, sont les points solsticiaux ou les deux solstices : B est le solstice d'été, et D le solstice d'hiver. Observons enfin que le Soleil marche sur l'écliptique dans le sens direct, celui de la flèche, de droite à gauche pour un observateur couché le long de la ligne des pôles TP, ayant les pieds en T et la tête tournée du côté du pôle nord P.

— N'est-ce pas le 21 mars qu'a lieu l'équinoxe de printemps?

— Oui, ce jour-là le Soleil passe en A, le printemps commence et s'achève le jour du solstice d'été, le 21 juin, lorsque le Soleil est en B; l'été est le temps que met l'astre du jour pour aller de B en C, du 21 juin au 23 septembre; l'automne, celui qu'il lui faut pour parcourir CD, du 23 septembre au 22 décembre; et enfin l'hiver, celui pendant lequel il décrit le reste de sa trajectoire DA.

— Puisque les arcs AB, BC.... sont des quarts de cercle, les quatre saisons sont donc d'égale durée?

—Il en serait ainsi, répondis-je, si le Soleil marchait toujours avec la même vitesse, mais vous reconnaîtrez dans un moment qu'il n'a pas un mouvement uniforme; ce sont les arcs CD et DA qui sont parcourus dans le moins de temps; l'automne et l'hiver sont les deux saisons les plus courtes et à peu près d'égale durée; celle de l'automne est de 89 jours 17 heures, celle de l'hiver de 89 jours 19 heures, tandis que le printemps est de 92 jours 21 heures, et l'été de 93 jours 13 heures.

En cheminant sur l'écliptique, le Soleil rencontre douze groupes d'étoiles ou constellations d'égale étendue appelées zodiacales. Le zodiaque est une bande ou zone de la sphère céleste de 18 degrés de largeur, traversée longitudinalement et en son milieu par l'écliptique; cette zone est divisée en douze parties égales, et les étoiles contenues dans ces segments ont été réunies en constellations; ce sont : le Bélier, le Taureau, les Gémeaux, le Cancer, le Lion, la Vierge, la Balance, le Scorpion, le Sagittaire, le Capricorne, le Verseau, les Poissons. Si vous voulez les retenir facilement, voici deux vers latins qui ne sont pas, il est vrai, irréprochables au point de vue de la facture, mais qui donnent parfaitement les noms des constellations dans l'ordre qu'elles occupent sur le zodiaque :

Sunt aries, taurus, gemini, cancer, leo, virgo
Libraque, scorpius, arcitenens, caper, amphora, pisces.

— Quand est-ce que le Soleil entre dans le bélier?

— Autrefois, il y a deux mille ans environ, il y entrait au moment de l'équinoxe de printemps; mais depuis cette époque, le point équinoxial A a rétrogradé sur l'écliptique d'un douzième de la circonférence, aussi le 21 mars le Soleil arrive seulement à la constellation des Poissons; les astronomes disent, il est vrai, qu'il entre dans le *signe* du Bélier, mais il ne faut pas confondre les signes du Bélier, du Taureau.... avec les constellations de même nom; ce sont, je vous le répète, les constellations des Poissons, du Bélier....

— Si j'ai bien compris, reprit Albert, le Soleil décrit autour du centre de la sphère céleste, c'est-à-dire autour de la Terre, une circonférence dans un plan incliné sur l'équateur de 23°27'.

— Vous n'êtes qu'à moitié dans le vrai, répondis-je; nous venons en effet de voir qu'il se meut sur un grand cercle de la sphère céleste, mais cela ne prouve nullement que son orbite autour de la Terre est circulaire; ce que nous observons sur la sphère céleste, c'est la silhouette, c'est la projection du Soleil; mais la courbe qu'il parcourt autour de la Terre peut très-bien n'être pas de même nature. Supposez votre œil placé au centre d'une table ronde. Imaginez qu'un insecte marche

6

sur la circonférence, vous le verrez tracer sur le mur
de la chambre un rectangle si elle est rectangulaire, un
triangle si elle est triangulaire; la table était-elle au
contraire triangulaire et la chambre circulaire, le petit
insecte qui parcourra réellement un triangle, vous paraîtra décrire sur le mur une circonférence. De même,
le Soleil tourne autour de la Terre sur une courbe plane
convexe; il vous semblera donc tracer une circonférence
sur la sphère céleste.

— Rien ne dit cependant que ce n'est pas une circonférence qu'il décrit autour de nous.

— Mais si, répliquai-je ; car il est facile de prouver
qu'il n'est pas toujours à la même distance de la Terre.
Supposez-vous immobile et regardez un homme marcher sur une longue route droite, à quoi reconnaissez-
vous qu'il se rapproche ou s'éloigne de vous?

— A sa hauteur, qui augmente ou diminue.

— L'angle sous lequel vous l'apercevez devient de
plus en plus grand ou de plus en plus petit. Cet
angle s'appelle son *diamètre apparent;* on démontre même que lorsque le diamètre apparent est faible,
il devient deux, trois fois plus petit quand la distance
devient deux, trois... fois plus grande, c'est-à-dire
qu'il varie en raison inverse de la distance. Eh bien, le
diamètre apparent du Soleil est variable pendant la durée
d'une année; or, cet astre ne change évidemment pas
de grosseur, donc il n'est pas toujours à la même distance de nous; c'est le 31 décembre qu'il est le plus
rapproché de nous, son diamètre apparent a sa plus

grande valeur, 32'36″, et c'est le 1er juillet qu'il est le plus éloigné; son diamètre apparent atteint alors son minimum, 31'30″.

— Cela me surprend, observa mon élève; je croyais que le Soleil était plus voisin de nous pendant les grandes chaleurs.

— Plus tard, je vous expliquerai ce mystère. Du reste, il ne faudrait pas croire que les distances apogée et périgée du Soleil soient bien différentes; la première ne l'emporte sur la seconde que de 800 rayons terrestres, et la distance moyenne du Soleil est de 23300 rayons terrestres. La courbe que décrit cet astre est donc presque circulaire.

— Dites-moi donc comment on mesure le diamètre apparent du Soleil?

— C'est bien simple. On se sert du fil horizontal du réticule de la lunette méridienne; au moment du passage, on l'amène à être tangente au bord supérieur, puis au bord inférieur du Soleil, et la différence des deux hauteurs mesurées est précisément le diamètre apparent.

— Je vous accorde, dit Albert, que l'orbite solaire n'est pas une circonférence, mais alors qu'est-elle donc?

— Traçons une droite sur laquelle nous prendrons un point T pour représenter la Terre et un point S qui sera la position du Soleil le 31 décembre à midi; le lendemain 1er janvier à midi, il sera sur une droite TS′ faisant avec TS un angle correspondant à l'arc dont le Soleil s'est avancé sur la sphère céleste dans l'intervalle de ces deux midis et qu'on nomme la vitesse angulaire de cet astre; de plus, les deux rayons

Fig. 28

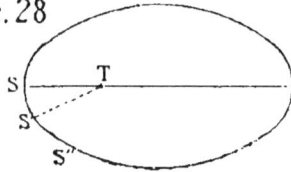

vecteurs TS et TS′ sont différents, le second est plus grand que le premier; il serait le double du premier si le diamètre apparent du Soleil au midi du 1er janvier était la moitié de celui qu'il présentait au midi précédent; plus généralement, ils sont dans le rapport inverse des diamètres apparents. Vous voyez donc comment on peut obtenir 365 points S, S′, S″.... d'une courbe semblable à l'orbite solaire, et en les joignant par un trait continu, on a la forme de cette orbite; c'est une ellipse dont la Terre occupe l'un des foyers. Voilà déjà plusieurs fois que je prononce le mot d'*ellipse;* vous savez que c'est la courbe que l'on appelle vulgairement un ovale. Vous avez vu comment font les jardiniers pour tracer ces ovales; ils fichent en terre deux piquets auxquels sont attachées les extrémités d'une corde plus longue que leur distance, puis ils font glisser sur le sol un troisième piquet en maintenant la corde bien tendue; chaque point de la courbe ainsi obtenue est à des distances des premiers piquets F et F′ telles que leur somme est toujours la même, celle de la corde ; on l'appelle une ellipse. Les deux points F et F' en sont

Fig. 29

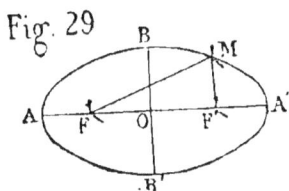

les foyers, AA' est le grand axe, le milieu O de AA' est le centre, BB' est le petit axe, enfin FF' est l'excentricité. Quand cette excentricité est très-petite, comme cela a lieu pour l'orbite solaire, l'ellipse se confond presque avec une circonférence. Quand, au contraire, le sommet A et le foyer F restant fixes, l'excentricité de l'ellipse est infinie, l'ellipse ne se ferme plus, elle de-

Fig 30

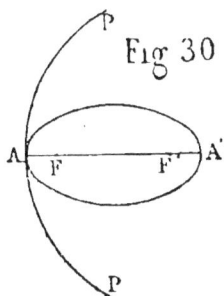

vient une *parabole* PAP' ; nous verrons plus tard que les arcs que les comètes décrivent dans leur voisinage du Soleil sont sensiblement paraboliques.

6.

— En résumant, reprit Albert, le Soleil décrit donc autour de nous une orbite plane, inclinée sur l'équateur de 23°27′ et elliptique, la Terre occupant l'un des foyers de cette ellipse.

— Ce que vous venez de dire, ajoutai-je, est l'expression du mouvement *apparent* du Soleil; mais, vous le savez, dans l'observation des phénomènes astronomiques, nous sommes constamment le jouet d'illusions, et pour avoir la vérité il faut presque toujours prendre la contre-partie des résultats observés.

C'est pourquoi, pour être exact, vous devriez vous exprimer ainsi: la Terre tourne autour du Soleil, son orbite est plane, inclinée de 23°27′ sur le plan de l'équateur et elliptique, l'astre du jour occupant l'un des foyers de cette ellipse. Comme le mouvement de rotation de notre globe vous a été péremptoirement démontré, il ne vous en coûtera pas beaucoup de le douer également d'un mouvement de circulation autour du Soleil. Vous verrez bientôt que la masse du Soleil est considérablement plus grande que celle de la Terre; dès lors n'est-il pas naturel que le Soleil, au lieu d'obéir à la Terre, lui commande en maître? Les plus simples notions de mécanique conduisent à cette conclusion: lorsque, dit sir John Herschel, on lance de bas en haut deux pierres réunies par un cordon, on les voit circuler autour d'un point compris dans l'intervalle qui les sépare, et qui est leur centre commun de gravité. Si l'un est beaucoup plus pesant que l'autre, le centre de gravité sera d'autant plus rapproché de la première, et

pourra même être situé dans son intérieur ; de sorte
que la petite paraîtra circuler autour de la grande, qui
n'éprouvera que de faibles déplacements. Du reste, dans
cette nouvelle hypothèse, tout ce qui se rapporte à cet
astre est aussi bien expliqué. Il me sera, par exemple,
bien facile de vous montrer que le Soleil nous paraîtra
encore parcourir les mêmes constellations dans le même
ordre aux mêmes époques ; mais comme vous ne comprendrez bien qu'avec une figure un peu compliquée et
que du reste notre promenade est terminée, entrons un
instant dans mon cabinet.

La Terre est-elle supposée immobile et le Soleil
décrit-il dans le sens direct l'ellipse ss's"s'''.... nous
croirons le voir sur la sphère céleste successivement

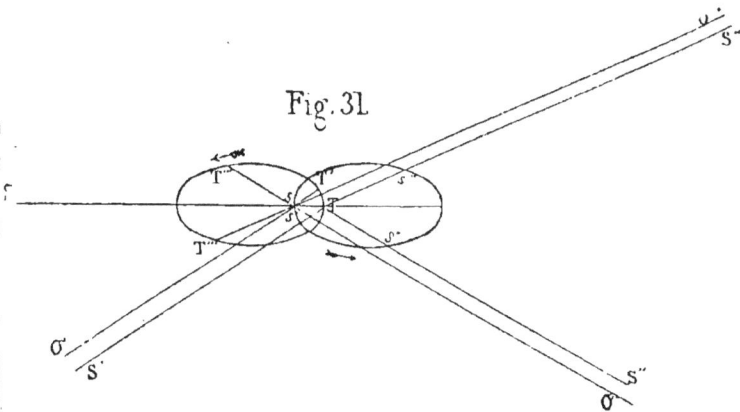

Fig. 31

en S, S', S", S'''. Au contraire, le Soleil est-il fixe en s
et la Terre se meut-elle aussi dans le sens direct sur

l'ellipse de même grandeur et de même forme TT′T″T‴…. lorsqu'elle sera en T′ (T′s étant parallèle à Ts′) le soleil paraîtra en σ'; or les deux points S′,σ' se confondent à cause de leur distance infinie à la Terre, car Ts et à plus forte raison la distance des deux parallèles TS′, T′σ', doit être considérée comme nulle : ces deux lignes sont donc couchées l'une sur l'autre.

Remarquez aussi que la symétrie de la figure donne ss′ = TT′; aussi est-ce au bout du même temps que, dans chacune des hypothèses, la Terre voit le Soleil à la même place sur la sphère céleste.

De même lorsque notre globe sera en T″ (TT′T″ étant égal à ss′s″ ou sT‴ étant parallèle à Ts″), elle verra le Soleil en σ'' ou bien en S″… ainsi de suite. Ainsi le Soleil paraîtra parcourir les mêmes constellations dans le même ordre et avec la même vitesse; enfin ses distances à la Terre à chaque époque resteront aussi les mêmes, car la symétrie de la figure donne Ts′ = T′s, Ts″ = T″s…

NEUVIÈME SOIRÉE

Distance du Soleil à la Terre. — Son rayon. — Sa surface. — Son
volume. — Sa masse.

Albert avait réfléchi au double mouvement que nous
avions assigné à notre globe.

— Il me plaît assez, me dit-il en m'abordant, de savoir qu'il circule autour du Soleil ; s'il eût été condamné
à rester toujours à la même place et à tourner indéfiniment autour de son axe, franchement c'eût été bien mo-
notone. Ainsi nous roulons sur une orbite sensiblement
circulaire ; mais quelle est donc la grandeur de cette circonférence, quelle est notre distance au Soleil?

— Pour résoudre cette question, répondis-je, il faut
commencer par comprendre comment on mesure la distance d'un point à un point inaccessible, mais visible ;
ainsi vous êtes en A, séparé du point B par une rivière
par exemple, il s'agit d'obtenir la distance AB.

Vous tracerez une base AC que vous mesurerez ; puis, avec un instrument convenable, un graphomètre, vous

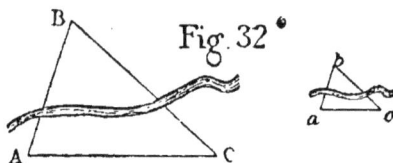

Fig. 32

déterminerez les angles A et C ; alors vous connaîtrez suffisamment d'éléments du triangle pour pouvoir en construire un de même forme, semblable ; vous mènerez sur une feuille de papier une droite *ac* qui soit une fraction déterminée de AC, le centième, par exemple ; la base AC est-elle de 30 mètres, vous prendrez *ac* de 30 centimètres ; aux deux bouts de cette droite vous ferez les angles *a*, *c* respectivement égaux à ceux qui ont été mesurés sur le terrain et vous aurez le triangle *acb*. Alors voyez combien *ab* contient de centimètres et AB vaudra le même nombre de mètres.

Si on voulait plus d'exactitude, on obtiendrait le côté AB du triangle ABC par le calcul trigonométrique.

— Est-ce qu'il faut prendre la base bien longue ?

— La longueur de la base dépend de celle de la distance AB ; si la base était très-petite par rapport à AB, les deux droites AB et CB se confondraient presque, elles deviendraient parallèles ; le triangle se rétrécirait tellement qu'il cesserait d'exister ; il serait dit *désavantageux*. Pour le rendre *avantageux*, il faudrait allonger

ι base ; mais on n'est pas toujours libre dans le choix
e la base. Veut-on par exemple mesurer la distance du
Soleil à la Terre ? quelle est la plus grande base qu'on
ourra prendre ? C'est évidemment le diamètre de notre
globe qui est de 3000 lieues environ. Eh bien ! cette
ongueur, qui au premier abord nous paraît considérable,
st cependant insuffisante ; le triangle qui aurait cette
ongueur pour base et le Soleil pour sommet serait dés-
vantageux.

Ce n'est donc pas ainsi qu'on a déterminé la distance
du Soleil, mais par des moyens plus ou moins détournés
et que je vous ferai connaître plus tard ; on est arrivé à
trouver l'angle sous lequel du Soleil on apercevrait la
Terre, c'est-à-dire le diamètre apparent ASA' de la Terre
vue du Soleil ; la moitié de cet angle, AST, est appelée

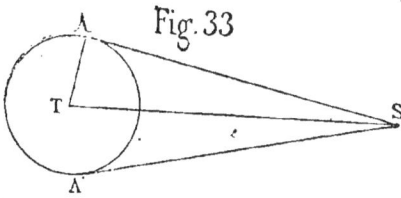

Fig. 33

la parallaxe horizontale ou par abréviation la *parallaxe*
du Soleil ; elle est de 8″,86. Cet angle étant connu, le
triangle ATS est déterminé, car il est rectangle en A, et
on a en outre le côté TA qui est le rayon de la Terre ;
on peut donc obtenir TS par un calcul trigonométrique
très-simple. Et même, nous allons y arriver plus sim-

plement encore, en remarquant que l'angle T étant presque droit, puisqu'il est égal à 90° moins 8″,86, le triangle AST est sensiblement isocèle, SA et ST sont sensiblement de même longueur, et, en raison de l'extrême petitesse de l'angle AST, AT peut être regardé comme un arc de cercle, ayant S pour centre et ST pour rayon. Nous pouvons donc dire :

L'arc AT, rayon de la Terre, appartenant à une circonférence de rayon TS et correspondant à 8″,86, l'arc de 1″ aurait pour longueur

R divisé par 8,86, ou. . . . . . $\dfrac{1}{8,86} \times \mathrm{R}$,

l'arc de 1′ serait 60 fois plus grand

ou. . . . . $\dfrac{60}{8,86} \times \mathrm{R}$,

l'arc de 1° 60 fois plus grand encore ou. . . . . $\dfrac{60 \times 60}{8,86} \times \mathrm{R}$,

et l'arc de 360° ou toute la circonférence . . . . $\dfrac{60 \times 60 \times 360}{8,86} \times \mathrm{R}$.

Or, vous savez que pour avoir le rayon d'une circonférence il faut en diviser la longueur par deux fois le nombre 3,14 ou par 6,28 ; donc la distance TS du Soleil est égale à

$$\dfrac{60 \times 60 \times 360}{8,86 \times 6,28} \times \mathrm{R} = 23\,300\ \mathrm{R}$$

23 300 rayons terrestres ou 37 000 000 de lieues de quatre kilomètres. Cette distance, comparée à celles que

nous sommes habitués à évaluer, est considérable. Pour s'en faire une idée plus nette, on peut se demander combien il faudrait de temps à un homme qui ferait une lieue par heure pour aller au Soleil ; ce temps serait de 37 000 000 d'heures, et en le divisant par 24 pour le convertir en jours et par 365 pour le réduire en années, on trouve 4224 ans !

Voulez-vous une autre comparaison ? Un boulet de canon a une vitesse de 400 mètres au plus par seconde ; eh bien, supposez qu'il suive une ligne droite en conservant sa vitesse initiale et aille bombarder le Soleil : ce boulet parcourant 400 mètres par seconde, parcourt 1 lieue en 10 secondes, 6 lieues en 1 minute, 360 lieues en 1 heure ; il marche donc 360 fois plus vite que notre voyageur et mettra pour atteindre le Soleil la 360me de 4224 ans ou environ 12 ans !

— Tout à l'heure, observa mon élève, vous me disiez que la parallaxe du soleil n'avait pu être obtenue que par des procédés détournés ; vous faisiez sans doute allusion à sa détermination au moyen du passage de Vénus, dont on parlait tant il y a quelques mois. Les astronomes sont certainement de retour de leurs lointains voyages, mais leurs observations ont-elles été rapprochées et soumises au calcul ?

-— Ces travaux ont été commencés, mais nous ne connaissons pas encore le nombre définitif. Cependant M. Puiseux est arrivé, par la comparaison des observations faites à Pékin par M. Fleuriais et à l'île Saint-Paul par MM. Mouchez et Cazin, au nombre 8″,879.

7

Vous voyez que cette valeur diffère très-peu de celle qui était actuellement admise, 8″,86.

— Est-ce qu'il y a un procédé pour obtenir la parallaxe des astres moins éloignés que le Soleil?

— Certainement, et je vais vous en donner une idée. Soit C le corps céleste, et supposons deux observateurs placés sur un même méridien à une grande distance, l'un en A, l'autre en B; au même instant, ils observent l'astre dans le méridien et mesurent les angles ZAC, Z′BC

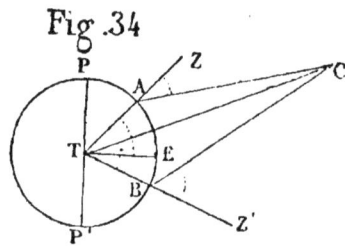

Fig .34

que font leurs verticales respectives avec les directions de leurs lunettes braquées sur l'astre, en d'autres termes ses distances zénithales. On connaît dans le quadrilatère TACB l'angle ATB qui est la somme des latitudes ATE, BTE des lieux A et B, les côtés TA et TB, rayons de la Terre, et les angles TAC, TBC, suppléments de ZAC, Z′BC; il est alors parfaitement déterminé, et on peut calculer TC, distance du centre de la Terre à l'astre.

C'est ainsi qu'opérèrent en 1752 Lalande à Berlin (A) et Lacaille au cap de Bonne-Espérance (B) (ces deux nsotux liesen siblement sur le même méridien). Ils obtinrent la distance de la Lune à la Terre, ainsi que celles des deux planètes, Mars et Vénus, aux moments où elles sont le plus rapprochées de nous.

— Le Soleil est-il beaucoup plus gros que la Terre?

— Son volume vaut environ 1 200 000 fois celui de notre globe, et vous savez que ce dernier est de 17 000 000 000 de lieues cubes.

— Pourriez-vous me dire comment on a pu trouver ce résultat?

— C'est fort simple, répondis-je. On a d'abord cherché le rayon du Soleil de la manière suivante : soient S et T le Soleil et la Terre, menons les tangentes SA et

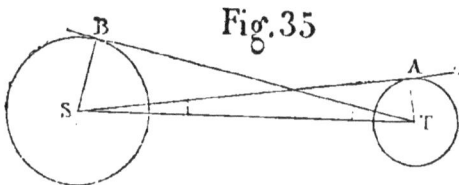

Fig. 35

TB et les rayons TA et SB ; l'angle BTS est la moitié du diamètre apparent du Soleil, la moitié de 32′ ou 16′ ou 960″, et l'angle AST est la parallaxe du Soleil ou 8″,86 ; or, en raison de la petitesse de ces angles, on peut considérer les rayons du Soleil et de la Terre S B et TA, comme des arcs de cercle appartenant à des circonférences de même rayon ST, mais de grandeur différente ; l'un contient 960″ et l'autre seulement 8″,86, donc le premier vaut autant de fois le second que

960 vaut de fois 8,86 ou que 96 000 vaut 886, ce qui donne 108 environ. Ainsi le rayon du Soleil est 108 fois plus grand que celui de la Terre. Comme la distance de la Lune à nous est de 60 rayons terrestres, nous voyons que si, par la pensée, on transportait le Soleil de manière à faire coïncider son centre avec celui de la Terre, non-seulement il envelopperait tout l'orbe lunaire, mais il s'étendrait près d'une fois encore plus loin !

Comme les surfaces de deux sphères sont proportionnelles aux carrés de leurs rayons, la surface du Soleil est 108×108 ou 11 664 fois plus grande que celle de la Terre.

Et comme les volumes des deux sphères sont proportionnels aux cubes de leurs rayons, il s'ensuit que le volume du Soleil est de $108 \times 108 \times 108$ ou 1 259 712, ou à peu près 1 200 000 fois celui de la Terre. Aussi, si vous mettiez en regard 120 litres ou 6 doubles décalitres de blé avec un seul grain, ces deux volumes présenteraient le même rapport que ceux du Soleil et de la Terre. Cela tient à ce qu'un litre contient environ 10 000 grains de blé et que, par suite, 120 litres en contiennent 1 200 000.

— Ce que je voudrais bien savoir aussi, c'est ce que pèse le Soleil : le poids du Soleil est-il aussi 1 200 000 fois celui de la Terre ?

— Non, mon ami, et cela tient à ce que ces deux corps n'ont pas la même densité ; un morceau de fer qui serait 1 200 000 fois plus gros qu'un autre, et à la même température, pèserait en effet 1 200 000 fois plus que ce dernier, mais vous comprendrez facilement qu'un morceau de liége, par exemple, qui aurait un volume 1 200 000 fois plus grand que celui d'un morceau de fer, ne pèserait cependant pas 1 200 000 fois plus ; mais, comme le fer pèse environ 30 fois plus que le liége à volume égal, le poids du liége serait un trentième de 1 200 000 ou 40 000 fois plus grand que celui du fer.

— Ce doit être bien difficile de peser le Soleil.

— Pas autant qu'on pourrait le croire. C'est une question pleine d'intérêt et à laquelle je consacrerai la fin de cet entretien.

Tout corps abandonné à lui-même à la surface de la Terre tombe, il est attiré vers le centre de notre globe. Il parcourt 5 mètres environ dans la première seconde de la chute, 15 dans la suivante, 25 dans la troisième, etc.

— Les corps lourds, oui ; mais les corps légers tombent plus lentement.

— Erreur, mon ami ; cette chute moins rapide des corps légers résulte de la résistance qu'ils éprouvent de la part de l'air ; mais, dans le vide, la vitesse est aussi grande pour les uns que pour les autres ; une barbe de plume et une balle de plomb tombent aussi vite l'une que l'autre.

— Cela m'étonne, dit Albert.

— Cependant, réfléchissez un peu, répondis-je. Si deux chevaux, l'un deux fois plus fort que l'autre, sont attelés à deux voitures d'inégale résistance, et que le plus fort tire une voiture offrant une résistance deux fois plus grande que l'autre, n'est-il pas évident que les deux chevaux marcheront avec la même vitesse ?

— C'est incontestable.

— Eh bien, la balle de plomb est-elle cent fois plus lourde que la barbe de plume, elle a alors cent fois plus de matière, cent fois plus de masse ; par conséquent son poids est cent fois plus grand ; mais comme la masse entraînée est cent fois plus grande, la vitesse que prend la balle de plomb est exactement la même que celle de la barbe de plume.

On peut du reste vérifier ce fait par une expérience bien connue : on prend un tube de verre de plus d'un mètre de longueur, fermé à l'un de ses bouts et terminé à l'autre par une douille et un tube métallique qui peut se visser sur une machine pneumatique (qui fait le vide) et est muni d'un robinet. Le vide fait, on ferme le robinet, on dévisse le tube et alors, en le retournant brusquement, on voit qu'une balle de plomb et une barbe de plume, qu'on y avait préalablement introduites, tombent avec la même vitesse ; mais si, en ouvrant le robinet, on laisse rentrer l'air, alors la balle de plomb tombe plus vite.

Ce que j'ai dit tout à l'heure suppose, bien entendu, que les deux corps sont à la même distance du centre de la Terre; car si vous transportez l'un ou l'autre à une distance du centre égale à deux rayons terrestres, l'attraction serait quatre fois moindre ; à une distance triple elle serait neuf fois moindre, et ainsi de suite, c'est-à-dire que l'attraction varie en raison inverse du carré de la distance.

A la surface de la Terre, une pierre tombe de 5 mètres

pendant la première seconde; si elle était à une distance du centre de la Terre égale à celle qui nous sépare du Soleil, à 23 300 rayons terrestres, elle ne tomberait plus pendant la première seconde que d'une quantité égale à 5 mètres divisés par le carré de 23 300 ou 23 300 × 23 300 ou 542 890 000, ce qui donne un-cent-millième de millimètre, 0 millimètre 00001.

Maintenant, sachant que la Terre parcourt son orbite, une circonférence dont le rayon est de 23 300 rayons terrestres, dans un an ou 365 jours 256, on peut trouver l'arc TT' qu'elle décrit dans une seconde et en déduire

Fig. 36

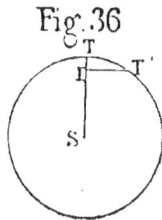

de combien elle tombe sur le Soleil pendant ce temps, c'est-à-dire la longueur de TI (T'I a été abaissée perpendiculaire sur le rayon SI). En faisant le calcul, on trouve 3 millimètres 54.

Je vous répète que la pierre considérée tout à l'heure, placée à une distance du Soleil égale à 23 300 rayons terrestres, tomberait sur lui avec la même vitesse que celle de la Terre ; elle parcourrait, elle aussi, 3 millimètres 54 dans la première seconde.

Ainsi une pierre placée à une certaine distance du Soleil tombe sur lui pendant une seconde de 3 millimètres 54, et cette pierre, placée à la *même* distance de la Terre, ne tombe sur elle pendant une seconde que de 0 millimètre 00001 ; alors le premier nombre étant 354 000 fois plus grand que le second, n'est-il pas évident que le Soleil, attirant la pierre avec une énergie 354 000 fois plus grande que la Terre, a une masse 354 000 fois plus grande que la sienne ? Le poids de notre globe étant de 5 875 000 000 000 000 000 000 de tonnes de 1000 kilogrammes chacune, le poids du Soleil est 354 000 fois plus grand encore ! Aussi[1], en calculant le nombre de chevaux qu'il faudrait pour traîner cette masse sur un sol semblable à celui sur lequel roulent nos voitures, on trouve qu'il faudrait 354 000 fois 10 000 000 000 d'attelages de 10 000 000 000 de chevaux, et la Mythologie ne donnait au char de cet astre qu'un attelage de quatre chevaux !

1. GARCET, *Cosmographie.*

DIXIÈME SOIRÉE

Mouvement de la Terre autour du Soleil. — Parallélisme de la ligne des pôles. — Inclinaisons diverses des rayons solaires par rapport à l'équateur. — Précession des équinoxes. — Inégalité des jours et des nuits. — Saisons. — Calendriers.

— Dans notre entretien d'avant-hier, nous avons reconnu que la Terre circule en pivotant sur elle-même ; elle est animée d'un véritable mouvement de valse qui l'entraîne en cadence autour du Soleil. Vous n'avez pas oublié non plus, mon cher Albert, que le centre de notre globe marche sur une ellipse plane dont le Soleil occupe l'un des foyers et que nous nommons l'écliptique, mais je ne vous avais pas encore dit que pendant cette révolution annuelle l'axe de la Terre conserve toujours la même direction.

Examinez avec attention cette figure ; je l'ai faite avec soin ce tantôt afin que, sans interrompre notre prome-

nade, vous puissiez facilement suivre les importantes
explications que j'ai à vous donner.

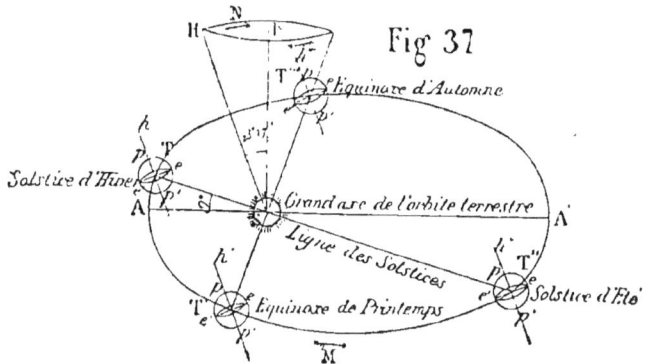

Fig 37

La courbe TT'T"T''' (ces lettres doivent être supposées placées aux centres des petits globes de la figure)
est l'ellipse que la Terre décrit dans un an autour du
Soleil qui est à l'un des foyers S ; AA′ en est le grand
axe ; si au point S on élève au plan de l'écliptique une
perpendiculaire SI (l'axe de l'écliptique), et si l'on mène
une droite SH faisant avec SI un angle de 23° 27′ et
telle que le plan ISH coupe l'écliptique suivant la
droite TT″ inclinée de 9° environ sur le grand
axe AA′, on aura une droite à laquelle l'axe de la Terre
est actuellement parallèle et restera parallèle pendant
toute l'année. La droite TT″ est la *ligne des solstices* et
la droite qui lui est menée perpendiculairement par le
point S et dans le plan de l'écliptique est la *ligne des
équinoxes* ; T est le solstice d'hiver, T″ celui d'été, T′ est
l'équinoxe de printemps, T‴ celui d'automne.

Or, en raison de la grande distance du Soleil, la Terre reçoit à chaque instant de cet astre un faisceau de rayons à la fois lumineux et calorifiques, dont la direction est la droite qui joint les centres de ces deux corps.

Alors sommes-nous en T, au solstice d'hiver, les rayons solaires arrivent dans la direction S T, qui tombe au-dessous de l'équateur et fait avec lui un angle de 23° 27′.

Sommes-nous en T′, à l'équinoxe de printemps, les rayons solaires ont la direction ST′ comprise dans l'équateur.

Sommes-nous en T″, au solstice d'été, les rayons solaires nous arrivent parallèlement à ST″, qui tombe au-dessus de l'équateur et fait avec lui un angle de 23° 27′.

Enfin sommes-nous en T‴, les rayons solaires tombent sur nous parallèlement à ST‴, qui est située dans l'équateur.

Vous comprenez qu'à partir du solstice d'hiver les rayons solaires se rapprochent de plus en plus de l'équateur, jusqu'à ce qu'ils coïncident avec lui à l'équinoxe de printemps, qu'ensuite ils s'élèvent continuellement au-dessus de l'équateur jusqu'au solstice d'été, mais qu'après ils se rapprochent de l'équateur, coïncident avec lui à l'équinoxe d'automne et s'en éloignent constamment jusqu'au solstice d'hiver.

N'oubliez pas aussi que ces variations dans la direction des rayons du Soleil par rapport à l'équateur terrestre résultent du parallélisme de notre ligne des pôles et de son inclinaison sur le plan de l'écliptique. Si l'axe terrestre était perpendiculaire à l'écliptique, qu'arriverait-il?

— Eh bien, répondit hardiment mon intelligent élève, le plan de l'équateur de la Terre coïnciderait constamment avec celui de l'écliptique, les rayons solaires auraient toujours une direction parallèle à l'équateur, tandis que ce n'est qu'aux deux équinoxes que cela a lieu.

— Je dois vous dire que ce parallélisme de l'axe terrestre n'est pas rigoureusement observé; la ligne S H tourne autour de SI, en faisant toujours avec cette dernière un angle égal à 23°27′, et marche dans le sens rétrograde, celui de la flèche N; le plan qui passe par les deux droites SI, SH tourne donc aussi dans ce sens, et par suite la droite TT‴ ou ligne des solstices, et par conséquent également la perpendiculaire à TT‴, la droite T′ T‴ ou ligne des équinoxes; mais ce mouvement est très-lent, il s'effectue en 26 000 ans.

Il résulte de là plusieurs conséquences dignes de remarque.

Vous voyez que le point équinoxial de printemps T′ (qui autrefois déterminait le commencement de l'année) va en rétrogradant chaque année, mais d'une quantité très-petite, la 26 000me de 360° ou environ 50″. Donc, quand la Terre, partie de ce point, y revient, elle n'a pas fait tout un tour sur l'écliptique, il lui reste à en parcourir 50″; aussi le temps qui s'écoule entre deux passages consécutifs de la Terre à l'équinoxe de printemps et qu'on appelle *l'année tropique*, est plus court que celui qu'il faut à notre globe pour effectuer sa révolution complète et qu'on nomme *l'année sidérale ;* l'année tropique est de 365 jours 242, et l'année sidérale de 365 jours 256. Ce phénomène porte le nom de *précession des équinoxes.*

Depuis Hipparque (120 ans av. J. C.), le point équinoxial T' a rétrogradé de 27° environ ; aussi, quand le printemps commence, le Soleil n'entre pas, comme autrefois, dans la constellation du Bélier, mais dans la précédente, celle des Poissons ; vous vous rappelez que je vous l'ai déjà dit.

Si vous avez bien compris la précession des équinoxes, vous n'aurez pas de peine à répondre à cette question : en supposant que la Terre marche d'un mouvement uniforme sur l'écliptique, ce qui est sensiblement vrai, les saisons sont-elles d'égale durée, et leurs durées ne changent-elles pas dans la suite des siècles ?

— Je comprends ; les arcs TT', T'T'', T''T''', T'''T ne sont évidemment pas égaux, le plus grand est T'''T''', et c'est pour cela que vous m'avez dit dernièrement que l'été était actuellement la saison la plus longue ; mais puisque les points T, T'... rétrogradent, les arcs doivent changer de longueurs respectives. Ainsi il fut un temps que le point T était en A, alors la ligne des solstices se confondait avec le grand axe de l'ellipse, les deux arcs TT' et TT''' étaient égaux, et il en était de même des deux autres, l'hiver et l'automne étaient d'égale durée, le printemps et l'été aussi, et la durée des deux premières saisons était plus petite que celle des deux autres.

— C'est bien, et si vous voulez savoir quand cela a eu lieu, vous n'avez qu'à chercher combien de fois 9° ou 32400″ contiennent 50″, et vous trouverez 600 environ ; il y a à peu près 600 ans que les lignes TT″ et AA′ coïncidaient.

Maintenant, revenons à la droite SH. Où cette droite va-t-elle rencontrer la sphère céleste ?

— Puisque cette droite est parallèle à la direction de la ligne des pôles de la Terre et que la distance du Soleil à la Terre, quoique fort grande, est cependant infiniment petite quand on la compare au rayon de la sphère céleste, j'en conclus qu'en prolongeant SH, elle va au pôle céleste ; le point où elle perce la sphère céleste est bien près de l'étoile polaire, il en est à 1° 28′.

— C'est cela ; mais alors puisque cette droite SH tourne autour de SI dans l'espace de 26 000 ans, vous voyez que le pôle doit se déplacer.

— Mais oui, dit Albert ; il doit se promener autour du point I sur une circonférence de 23° 27′ de rayon.

— Justement. L'étoile qui est aujourd'hui polaire cessera de l'être dans un certain temps ; dans 12 000 ans, ce sera la belle primaire Wéga de la Lyre qui coïncidera sensiblement avec le pôle [1].

Il est maintenant bien facile de vous faire comprendre

---

1.   Pôle immobile aux yeux, si lent dans votre course,
      Fuyez le char glacé des sept astres de l'Ourse :

le phénomène de l'inégalité des jours et des nuits et celui des vicissitudes des saisons.

Quand on oppose le mot de jour à celui de nuit, il ne s'agit plus, bien entendu, du jour sidéral, temps que met la Terre à tourner autour de son axe, ou du jour solaire, temps qui s'écoule entre deux coïncidences successives d'un même méridien avec les cercles horaires sur lesquels il se trouve à ces deux midis, lequel jour solaire, soit dit en passant (j'y reviendrai dans un moment) est un peu plus long, de 4 minutes environ, que le jour sidéral; mais on appelle *jour* le temps pendant lequel le Soleil est au-dessus de l'horizon, et *nuit* celui pendant lequel il est au-dessous de ce plan et par conséquent invisible.

Eh bien, ces durées varient avec les saisons, et c'est ce que je me propose de vous expliquer.

Imaginez une sphère opaque, placée devant une sphère lumineuse beaucoup plus grosse qu'elle, et concevez un cône IMN tangent à la fois aux deux sphères et touchant la petite suivant le cercle *mn*; la partie *man* de cette dernière boule sera éclairée, l'autre *mbn* se trouvera dans l'ombre; le cercle *mn* qui sépare la partie éclairée de la partie obscure est dit le *cercle d'illumination*, son plan est perpendiculaire sur la ligne des centres, mais il ne passe pas tout à fait par le cen-

Embrassez, dans le cours de vos longs mouvements,
Deux cents siècles entiers par delà six mille ans.
    (VOLTAIRE, *Épitre à Mme la marquise du Châtelet
        sur la philosophie de Newton.*)

tre de la petite sphère. Cependant, si les deux sphères
sont suffisamment éloignées l'une de l'autre comme il

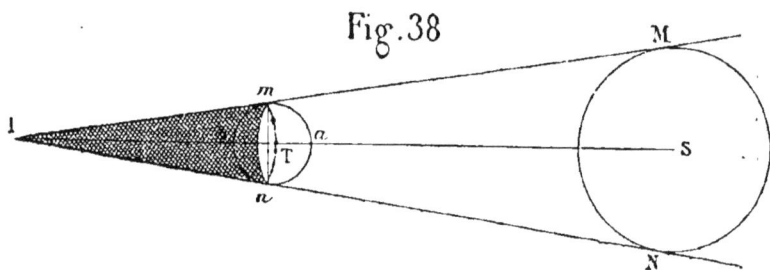

Fig. 38

arrive pour le Soleil et la Terre, on peut, sans erreur sensible, le supposer mené par le centre de notre globe.
Ainsi, vous aurez le cercle d'illumination de la Terre à
un moment donné, en joignant à cet instant son centre
à celui du Soleil et conduisant par le premier un plan
perpendiculaire à cette ligne des centres. Il résulte de là
que si, comme vous l'avez reconnu tout à l'heure, cette
ligne des centres change de direction par rapport à l'é-
quateur terrestre, le centre d'illumination doit lui aussi
prendre des inclinaisons différentes.

Le 21 mars, la ligne ST est dans le plan de l'équateur....

— Donc, dit Albert en m'interrompant, le cercle d'illumination passe par la ligne des pôles et partage tous
les parallèles en deux parties égales. Or Saint-B...., parcourant en un jour et d'un mouvement parfaitement uniforme le parallèle *abcd*, sera exposé aux rayons solaires

pendant qu'il en décrira la moitié *abc*, et il sera

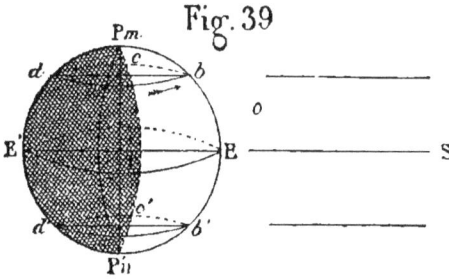

Fig. 39

dans l'ombre pendant qu'il marchera sur l'autre moitié *cda*.

— Le jour sera égal à la nuit pour tous les lieux de la Terre : de là le mot *équinoxe*. Mais trois mois après, lors du solstice d'été, les rayons solaires tomberont au-

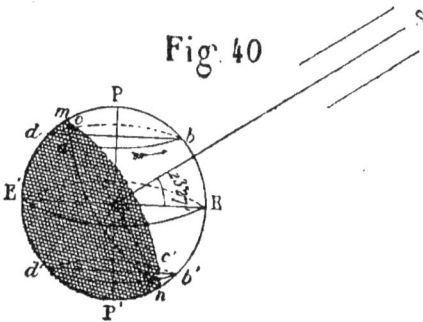

Fig. 40

dessus de l'équateur et feront avec lui un angle de 23° 27′, le cercle d'illumination s'inclinera à gauche de

PP′ et partagera tous les parallèles en parties *inégales ;* dans l'hémisphère boréal, la portion du parallèle qui fera face au Soleil sera plus grande que l'autre; dans l'hémisphère austral, ce sera l'inverse. Donc Saint-B.... sera plus longtemps éclairé par le Soleil que dans l'ombre, le jour sera plus grand que la nuit; tandis que dans l'autre hémisphère, pour notre antipode par exemple, le jour sera plus petit que la nuit.

Vous voyez aussi que depuis l'équinoxe de printemps jusqu'au solstice d'été, l'angle STE a été constamment en augmentant et par conséquent aussi la durée du jour à Saint-B....

A partir du 21 juin, au contraire, ST va se rapprocher de TE et par suite le cercle d'illumination se rapprochera, lui aussi, de PP′; le 23 septembre, à l'équinoxe d'automne, il passera de nouveau par la ligne des pôles, et le jour redeviendra égal à la nuit pour tous les points de la Terre.

Puis ST tombera au-dessous de l'équateur; le 22 décembre, par exemple, la direction des rayons solaires fera avec l'équateur et au-dessous de lui un angle de 23° 27′, le cercle d'illumination sera maintenant incliné vers la droite de PP′ et partagera la parallèle de Saint-B.... en deux parties égales, la plus petite étant du côté du Soleil; le jour sera en ce lieu le plus petit possible; dans l'hémisphère austral, ce serait l'inverse, les jours auraient leur plus grande longueur.

Vous ferez bien d'observer que l'équateur est constamment partagé en deux parties égales par le cercle

d'illumination et que, par suite, le jour y est constamment égal à la nuit. Vous observerez aussi que d'un

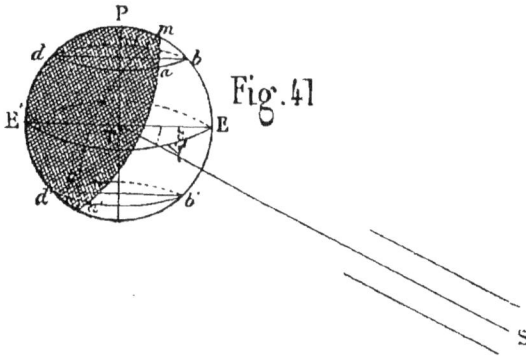

Fig. 41

équinoxe au suivant, le cercle d'illumination est ou
toujours à gauche, ou toujours à droite de la ligne des
pôles, donc aux pôles les jours et les nuits sont de six
mois. Enfin, plus le lieu que vous considérez est rapproché de l'équateur, moins sont grandes les inégalités
entre les jours et les nuits.

— Dans ce qui précède, répliqua Albert, vous avez
supposé que le jour finissait au moment du coucher du
Soleil; ne serait-il pas plus naturel d'appeler ainsi le
temps pendant lequel il fait clair?

— Non, mon ami, la lumière diffuse qui succède au
jour est le *crépuscule;* les rayons solaires qui arrivent
dans la direction SIM tombent sur les molécules MIN
de l'atmosphère et sont *réfléchis* par elles vers le point
A, après avoir subi une grande diminution d'intensité.

Le crépuscule finit lorsqu'on commence à voir à l'œil
nu les étoiles de cinquième et sixième grandeur du côté

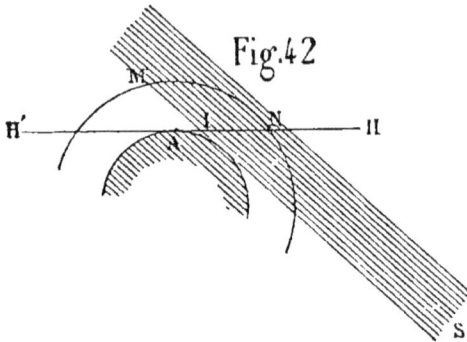

Fig. 42

de l'occident ; le Soleil est alors sensiblement à 18° au-
dessous de l'horizon. Un phénomène semblable se présente au commencement du jour : *l'aurore* annonce le
lever du Soleil.

—Et les vicissitudes des saisons? Je croyais autrefois
que les changements de température qui caractérisent
surtout les diverses saisons dépendaient principale-
ment de la proximité plus ou moins grande du Soleil,
mais il a été établi que les distances de la Terre au Soleil, même celles qui correspondent à l'aphélie et au
périhélie, c'est-à-dire la plus grande et la plus petite,
offrent peu de différence et que, par suite, cette cause
n'a pour ainsi dire pas d'influence sur le phénomène.
Comment alors me l'expliquerez-vous?

—Je commencerai, répondis-je, par vous démontrer que
l'intensité de la chaleur que reçoit une surface aug-

mente quand l'angle que font les rayons calorifiques avec cette surface croît, en d'autres termes quand ils tombent plus d'aplomb, plus verticalement sur cette surface. Soit MN un faisceau de rayons de chaleur ; à la surface AB sur laquelle ils tombent perpendiculairement

Fig. 43

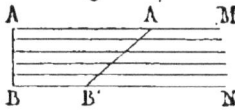

substituez la surface A'B' qui les reçoit obliquement, vous voyez que l'une et l'autre de ces surfaces reçoivent toute la chaleur du faisceau; mais A'B' est évidemment plus grand que AB ; donc une partie de la première surface reçoit moins de chaleur qu'une partie d'égale étendue de la seconde.

Supposons alors la Terre au solstice d'été, par exemple, ST sera la direction des rayons solaires ce jour-là, l'angle STE étant de 23° 27′ ; soit p un lieu, Paris ; hh' sa méridienne, les rayons du Soleil feront avec la verticale pz l'angle spz. Si maintenant, ce qui a lieu effectivement, l'inclinaison des rayons solaires sur l'équateur diminue, et que ces derniers prennent la direction S'T, alors l'angle $s'pz$ qu'ils font avec la verticale de Paris augmente, donc leur intensité calorifique diminue. Il est clair qu'elle va devenir de plus en plus petite jusqu'au solstice d'hiver où les rayons solaires auront la di-

rection S″T, l'angle S″TE étant de 23° 27′. Mais à partir
de ce moment ils vont se rapprocher de l'équateur, l'at-

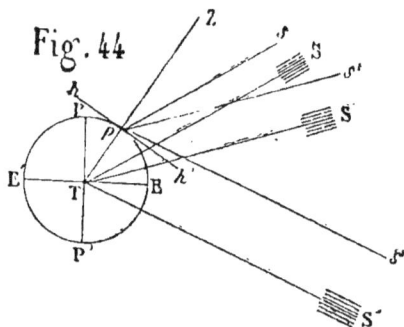

Fig. 44

teindre, puis le dépasser pour aller prendre leur position
la plus élevée ; pendant ce temps l'angle qu'ils feront avec
la verticale de Paris ira constamment en diminuant, et,
par suite, l'intensité calorifique ne cessera de croître.
Observez aussi que l'inégale durée des jours et des
nuits contribue beaucoup à ces résultats ; c'est précisément lorsque les rayons du Soleil arrivent le plus verticalement que le jour est le plus long, que le Soleil reste
le plus longtemps sur l'horizon.

— Ainsi, remarqua Albert, c'est au solstice d'été que
doivent avoir lieu à Paris les plus fortes chaleurs, et à
celui d'hiver les plus grands froids.

— De plus, à des époques également éloignées des
solstices d'été ou d'hiver, la température devrait, d'après
les explications précédentes, être la même en un lieu
déterminé ; mais il en est autrement : de même que le

moment le plus chaud de la journée n'est pas midi, mais deux heures environ, de même l'été est plus chaud que le printemps, et l'hiver est plus froid que l'automne, parce que la chaleur et le froid s'emmagasinent, s'accumulent sur la Terre et deviennent plus intenses quelque temps après les solstices.

Je dois aussi vous faire remarquer qu'en faisant varier la position du lieu sur la Terre, on voit facilement qu'à une même époque la température change d'un lieu à un autre. Plus le lieu est près de l'équateur, plus les rayons solaires arrivent verticalement sur l'horizon et par suite plus leur intensité est grande ; l'inverse a lieu quand le point se rapproche des pôles. C'est pourquoi l'on a partagé la sphère terrestre en cinq zones par les parallèles TT, T''T', GG, G'G', menés les premiers à 23° 27' de l'équateur, les seconds à 23° 27' des pôles ; la première, TTT'T'' est la zone torride ; TTGG, T''T'G'G' sont les zones tempérées ;

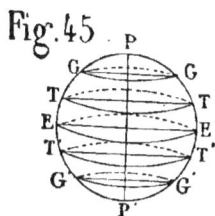

Fig. 45

GGP, G'G'P' sont les zones glaciales. Les cercles TT, T''T' sont appelés les tropiques du Cancer et du Capricorne, et les cercles GG, G'G' sont les cercles polaires arctique et antarctique.

— La durée de la révolution de la Terre autour du Soleil, observa mon judicieux élève, ramène donc pour chaque lieu les vicissitudes de saisons, les mêmes moyennes de chaleur et de froid, de sécheresse ou de pluie ; aussi je comprends que cette période ait été choisie pour unité de temps ; subdivisée en un certain nombre de parties égales, elle devait parfaitement convenir pour les usages civils et, en particulier, elle devait ordonner avec une grande régularité les travaux de l'agriculture.

— Sans doute, répondis-je ; mais vous commettez une toute petite erreur : l'année de nos calendriers n'est pas tout à fait le temps que met la Terre à décrire son orbite, ou l'année sidérale de $365^j 256$, c'est l'année tropique, le temps qui s'écoule entre deux équinoxes consécutifs de printemps, et qui n'est que de 365 jours solaires moyens 242.

— Qu'entendez-vous donc par jour solaire moyen ? Jusqu'ici nous avions appelé jour la durée de la rotation de la Terre sur son axe.

— C'était le jour sidéral, tandis que le jour solaire est le temps qui s'écoule entre deux midis consécutifs ; il est un peu plus long que le jour sidéral. Soient, en effet, S le Soleil, T la Terre, a un de ses points à un certain midi ; au midi suivant ce point est en a'', il a fait plus d'un tour, car la révolution était accomplie quand il était en a', $T'a'$ étant parallèle à Ta ; la Terre a donc tourné de 360°, plus l'angle $a'T'a''$ ou son égal

TST′ qui est environ de 1°, en d'autres termes, le jour solaire est un peu plus long, de 4 minutes environ, que

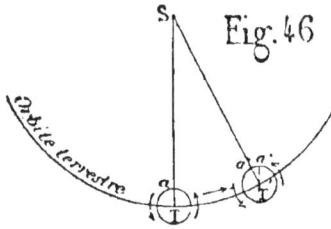

Fig. 46

le jour sidéral. De plus, comme le mouvement de la Terre sur son orbite n'est pas tout à fait uniforme, l'angle TST′ est variable, et par conséquent le jour solaire n'est pas constant. Les montres et les horloges ne peuvent donc marquer le temps vrai, puisqu'il en faudrait autant qu'il y a de jours dans l'année. On est alors convenu de prendre pour le jour civil la moyenne de tous les jours solaires de l'année, et on l'appelle *jour solaire moyen.* Quand l'ombre d'un gnomon, d'un cadran solaire a, un jour donné, sa plus petite valeur, c'est-à-dire quand il est midi vrai, il n'est pas ordinairement midi moyen ; l'écart peut s'élever jusqu'à 13 et 14 minutes, mais au moyen de tables spéciales on corrige cette erreur, on passe du midi vrai au midi moyen en lui ajoutant ou en en retranchant un nombre variable qui se nomme l'équation du temps.

L'année civile devant avoir un nombre entier de jours, tandis que l'année tropique est de 365ʲ242, on a

8

eu beaucoup de difficulté à établir entre elles une coïncidence parfaite.

— N'aurait-on pas pu supprimer la fraction et faire l'année de 365 jours juste?

— Elle eût été ainsi trop courte de $\frac{1}{4}$ de jour environ; et il en serait résulté, au bout d'un temps même assez court, une bien fâcheuse conséquence : l'équinoxe de printemps aurait parcouru sucessivement tous les jours de l'année. En effet, supposez qu'il arrivait cette année le 21 mars à midi, l'année prochaine il tomberait vers 6 heures du soir; dans 4 ans il arriverait sensiblement, à midi, le 22 mars, dans 100 ans, 24 jours plus tard. Ainsi, ce que le calendrier doit surtout offrir, l'accord entre les mois et les saisons, ne saurait exister longtemps.

C'est cependant le défaut que présentait le calendrier des Égyptiens (1800 ans av. J. C.). Leur année était de 365 jours exactement, et de 5 jours complémentaires ou épagomènes. Cette année, à laquelle on a donné le nom si justement mérité de *vague*, était donc trop courte de $\frac{1}{4}$ de jour environ; l'erreur était de 1 jour en 4 ans et de 365 jours en 365 $\times$ 4 ou 1460 ans. Les Égyptiens reconnurent plus tard cette erreur, mais ils respectèrent leur calendrier, et ils appelèrent période sothiaque cette durée de 1460 ans, qui devait ramener les dates à leur correspondance primitive avec les saisons.

— N'est-ce pas du calendrier romain dont nous faisons maintenant usage?

— Oui, mais il a subi plusieurs modifications successives dont je veux vous parler.

Dès les premiers temps de Rome, on se servait d'un calendrier emprunté, dit-on, aux Sabbins, qui n'était composé que de 10 mois : mars, 31 jours ; avril, 30 jours ; mai, 31 jours ; juin, 30 jours ; quintilis ou 5me, 31 jours ; sextilis, 30 jours ; septembre, 30 jours ; octobre, 31 jours ; novembre, 30 jours ; décembre, 30 jours ; en tout 304 jours. La réforme de Numa Pompilius porta l'année à 355 jours, en y ajoutant au commencement le mois de janvier, 29 jours, et à la fin celui de février, 28 jours, laissant 31 jours aux anciens mois, mars, mai, quintilis et octobre, et fixant tous les autres à 29. Pour mettre cette année en rapport avec l'année solaire, il fixa pour chaque intervalle de 4 ans une intercalation de 22 jours à la seconde année, et une autre de 23 à la quatrième. Le petit mois placé après février se nommait Mercedonius. Il en résultait une série de 1465 jours pour cette période de 4 ans, et cependant 4 années de 365 jours $\frac{1}{4}$ n'en contiennent que 1461 ; il y avait donc 4 jours de trop. Ce calendrier, vous le voyez, était très-imparfait et il occasionnait de très-graves abus. C'était le collége des pontifes qui fixait chaque année, et parfois arbitrairement, le nombre de jours qu'elle devait avoir, et comme certains hauts fonctionnaires publics n'étaient investis de leurs charges que pour un temps déterminé, ils faisaient leurs efforts pour faire tomber les mois supplémentaires pendant la durée de leurs fonctions. Jules César, aidé de l'astronome Sosigène, entreprit de réformer ce calendrier. Croyant, d'après Hipparque, que l'année était rigoureusement de 365 jours 1/4, il résolut de faire les années communes de 365 jours, mais d'ajouter tous les 4 ans un jour supplémentaire. Les mois[1] furent disposés dans l'ordre qu'ils ont encore aujourd'hui : janvier, 31 jours ; février, 28 jours ; mars, 31 jours ; avril, 30 jours ; mai, 31 jours ; juin, 30 jours ; juillet, 31 jours ; août, 31 jours ; septembre, 30 jours ; octobre, 31 jours ; novembre, 30 jours ; décembre, 31 jours.

— Je m'explique, dit Albert, pourquoi le neuvième mois s'appelle septembre, le dixième octobre, le onzième novembre et le douzième décembre ; c'est parce que dans le calendrier primitif ils étaient bien le septième, le huitième, le neuvième et le dixième. N'y a-t-il pas, dites-moi, un moyen simple pour distinguer les mois qui ont 30 ou 31 jours ?

— Le plus commode, dit Arago, consiste à fermer la main ; les racines des quatre doigts contigus forment des parties saillantes, les intervalles des creux ; si l'on compte alors les douze mois, en commençant par janvier appliqué à la première partie saillante, continuant par février appliqué au creux voisin, et ainsi de suite, on trouvera que tous les longs mois (de 31 jours) ont correspondu aux saillies et les mois courts aux dépressions.

1. Cette expression vient certainement du mot grec μήνη, Lune, parce que le mois est sensiblement égal au temps pendant lequel se produisent périodiquement les phases lunaires de vingt-neuf jours et demi ; les mots Almanach et Semaine doivent aussi avoir la même origine.

On peut aussi se les rappeler au moyen du quatrain de Nollet :

> Trente jours ont novembre,
> Juin, avril et septembre,
> De vingt-huit il en est un,
> Tous les autres ont trente-un.

Le premier jour de chaque mois était les *Calendes* [1] ; le 5 était les *Nones ;* le 13, les *Ides ;* excepté en mars, mai, juillet et octobre, où les nones étaient le 7 et les ides le 15.

Les noms des autres jours se tiraient de leur ordre en rétrogradant soit avant les calendes, les nones et les ides. Les Romains imitaient en cela les collégiens qui, à l'approche des vacances, comptent les jours en disant le cinq, le quatre, le trois.... avant la distribution des prix. Ainsi le 28 février était nommé *pridiè calendas martis ;* le 27, *tertio calendas ;* le 26, *quarto ;* le 25, *quinto ;* le 24, *sexto....* Or, il y avait à Rome une fête, dit le Régifuge, en l'honneur de l'expulsion des Tarquins, qui se célébrait le 6 des calendes de mars ou le 24 février. Pour ne pas changer la fête, le jour intercalaire de quatre ans en quatre ans devait être placé entre le 23 et le 24 février, ou bien entre le 7 et le 6 des calendes de mars, et prit le nom de *bis-sexto calendas,*

---

1. De καλεῖν, appeler, parce que ce jour-là le grand prêtre annonçait quels jours devaient tomber les nones et les ides ; c'est très-probablement de là que vient le nom de Calendrier donné à l'ensemble des préceptes qui règlent la longueur de l'année et ses différentes subdivisions.

8.

d'où vient celui de *bissextiles* donné aux années de 366 jours.

Le concile de Nicée adopta ce calendrier en 325.

Le calendrier julien, bien supérieur aux précédents, n'est cependant pas parfait; car l'année tropique n'est pas de 365 jours $\frac{1}{4}$, mais de 365^j,242. L'année julienne est donc trop longue; la différence, si petite, il est vrai, pour une année (0^j,008), s'accumule avec leur nombre. Ainsi en 1582, c'est-à-dire 1257 ans après le concile de Nicée, l'erreur était de 0^j,008 $\times$ 1257 ou 10 jours environ. L'équinoxe de printemps arrivait le 11 mars.

Le pape Grégoire XIII, d'après les conseils d'un savant calabrais, Lilio, eut l'honneur d'exécuter la nouvelle réforme. D'abord, il ordonna de supprimer les dix jours d'erreur, et le 5 octobre 1582 fut appelé le 15 octobre; le commencement de l'année recula de dix jours, et l'équinoxe reprit sa place le 21 mars; puis, comme 0^j,008 $\times$ 400 donne 3 jours environ, il fut convenu que, tout en conservant le mode d'intercalation du calendrier julien, on rendrait ordinaires trois années bissextiles dans l'intervalle de 400 ans, et pour cela, on considérerait comme bissextiles toutes les années dont le nombre formé par les deux derniers chiffres serait divisible par 4.... 1584, 1588.... excepté les années séculaires. Sur quatre de ces années séculaires consécutives, il n'en fallait conserver qu'une de bissextile; ce fut celle qui est encore divisible par 4, après la suppression des deux zéros. Ainsi 1600 fut bissextile; 1700, 1800 ne l'ont pas été ; 1900 ne le sera pas non plus, mais 2000 le sera....

Cette réforme grégorienne ou nouveau style n'a pas encore été adoptée par les Russes et par les Grecs, qui s'en tiennent au calendrier julien ou à l'ancien style, et dont les dates ne s'accordent par conséquent pas avec les nôtres ; leur année commence douze jours après la nôtre (10 jours pour la suppression en 1582 et 2 jours pour 1700 et 1800). De là résulte que le 8 mai, par exemple, ancien style, correspond au 20 mai, nouveau style.

Je dois vous dire encore que, depuis un édit de Charles IX (1564), l'année commence le 1er janvier. Les mois ont les mêmes noms et les mêmes nombres de jours que dans le calendrier julien ; mais la division du mois en calendes, nones et ides est supprimée ; les jours sont groupés de sept en sept, de manière à former des semaines.

L'origine de la semaine remonte à la plus haute antiquité. D'après Daunou, elle était en usage chez les Chinois, les Juifs, les Égyptiens, les Chaldéens et les Arabes ; mais cette division du temps n'était pas usitée en Perse, en Grèce, à Rome.... Quant aux noms des jours de la semaine, lundi, mardi, mercredi, jeudi, vendredi, samedi, dimanche, ils se rattachent évidemment, excepté le dernier, aux astres : Lune, Mars, Mercure, Jupiter, Vénus, Saturne. Pour le dimanche, il vient de *dies dominica* ; mais primitivement, il était le jour du Soleil. Dion Cassius (consul en 229) a émis l'opinion que ces dénominations des jours de la semaine étaient d'origine égyptienne. Les Égyptiens consacraient la première heure de chaque jour à une planète; or, pour eux, les planètes étaient : la Lune, Mercure, Vénus, le Soleil, Mars, Jupiter, Saturne, et ils les regardaient comme rangées ainsi par ordre de distances croissantes à la Terre, parce qu'ils pensaient que ces distances dépendaient directement des temps de leurs révolutions apparentes. Cela posé, la première heure de lundi, par exemple, était consacrée à la Lune, la seconde à Saturne.... la huitième, la quinzième, la vingt-deuxième à la Lune; la vingt-troisième à Saturne, la vingt-quatrième à Jupiter, et enfin la première du lendemain à Mars; ce jour s'appelait donc mardi. De même la vingt-deuxième, la vingt-troisième, la vingt-quatrième de

Fig. 47

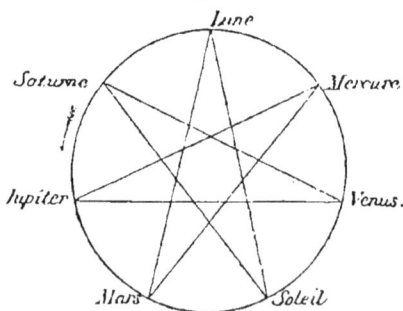

mardi étaient consacrées à Mars, le Soleil et Vénus; donc, la première du lendemain l'était à Mercure; de à le nom de mercredi donné à ce jour.... ainsi de suite.

On obtient ainsi un heptagone étoilé, figure mysté-rieuse qui jouait un grand rôle dans l'astrologie du moyen âge.

Enfin, quel est le premier jour de la semaine? C'est une question qui a beaucoup exercé la sagacité des érudits ; mais elle a été tranchée par l'Académie qui veut que ce soit le dimanche, parce que le jour fêté par les Juifs est le samedi, et doit évidemment correspondre au jour de repos dont il est parlé dans les livres sacrés.

ONZIÈME SOIRÉE

Constitution physique du Soleil. — Fabricius. — Galilée. — Le
P. Scheiner. — Wilson. — Sir W. Herschell. — Arago.
Kirchoff. — Faye.

— Ainsi, dit Albert, en commençant l'entretien, le
Soleil est un corps d'une grosseur prodigieuse placé au
foyer de différentes ellipses que les planètes, et en particulier la Terre, décrivent autour de lui; il les inonde
de ses rayons bienfaisants et répand sur elles le mouvement et la vie. Mais cette source si puissante de chaleur et de lumière ne finira-t-elle pas par s'éteindre?
qu'est-ce qui l'alimente? comment se fait-il que l'on
n'ait reconnu aucune diminution d'intensité depuis les
temps les plus reculés?

— Vous voudriez, répondis-je, connaître la nature intime du Soleil; c'est une bien intéressante question sur
laquelle les plus grands astronomes ont porté leurs

rofondes spéculations[1] ; mais elle est encore loin d'être ésolue. Toutefois, les remarquables travaux de M. Faye ont fait sortir du domaine des conjectures; elle est naintenant soumise à l'épreuve de l'observation, et si e savant académicien que je viens de citer a, lui aussi, ait une hypothèse, du moins celle-ci est rationnelle et n'est pas, comme ses devancières, opposée aux lois physiques qu'on observe sur la Terre et qui s'étendent incontestablement à tous les corps de l'univers.

Avant de vous exposer cette théorie si logique et si séduisante, je dois, pour procéder avec ordre, vous faire connaître les différentes hypothèses qui ont eu leur heure de crédit.

Je ne veux cependant pas m'arrêter longtemps sur les opinions anciennes, parce qu'elles ne s'appuyaient sur aucune observation sérieuse. Les philosophes de l'antiquité cherchaient à deviner les secrets de la nature; l'absence et l'imperfection des instruments d'observation ne leur permettaient pas de scruter ses mystères; aussi leurs conjectures ne reposaient sur aucune base solide ; chaque savant avait la sienne et ne pouvait l'imposer aux autres. De là discontinuité dans la marche de la science, qui était livrée au hasard, au caprice de

---

1. L'influence du Soleil sur le monde, disait Képler, influence incroyable et presque divine, d'où dérivent ici-bas tout mouvement et toute vie, tout ordre et tout ornement de la nature, est telle, que plus on la considère et plus on la trouve merveilleuse. De là, pour le philosophe, l'obligation de mettre en œuvre toutes les ressources de son esprit, afin de s'élever à une théorie digne d'un tel sujet.

ses adeptes. C'était surtout dans le domaine des questions relatives à la constitution de l'univers que ce chaos d'idées devait se produire. Était-il question de la grosseur du Soleil, Anaximandre en faisait un cercle vingt-huit fois plus grand que la Terre, et percé à son centre d'une ouverture au travers de laquelle passaient ses rayons, tandis qu'Anaxagore ne lui donnait que la grosseur du Péloponèse. S'agissait-il d'expliquer la nature du feu solaire, Xénophane croyait le Soleil formé par des nuages embrasés, Parménide pensait qu'il s'alimente par les vapeurs sèches de la voie lactée, Cléanthe prétendait qu'il était nourri des exhalaisons qui s'élèvent de la Terre. D'autres, et c'était le plus grand nombre, considéraient la lumière et la chaleur du Soleil comme bien différentes de celles que nous obtenons artificiellement sur la Terre ; elles étaient inaltérables et inépuisables ; le Soleil et toutes les étoiles qu'on avait toujours vus briller du même éclat étaient *incorruptibles*.

Ce n'est qu'au commencement du dix-septième siècle, aussitôt après l'invention des lunettes, que la constitution physique du Soleil est devenue une question vraiment scientifique. Fabricius, Galilée, le P. Scheiner, reconnurent facilement que, loin d'être incorruptible [1],

---

1. La doctrine péripatéticienne de l'incorruptibilité des cieux était encore admise à cette époque, et pour preuve, il suffit de citer cette réponse du père provincial de l'ordre auquel appartenait le P. Scheiner, et que ce dernier était allé consulter sur la nature des taches solaires. « J'ai lu plusieurs fois mon Aristote tout entier, et je puis vous

Fig. 48

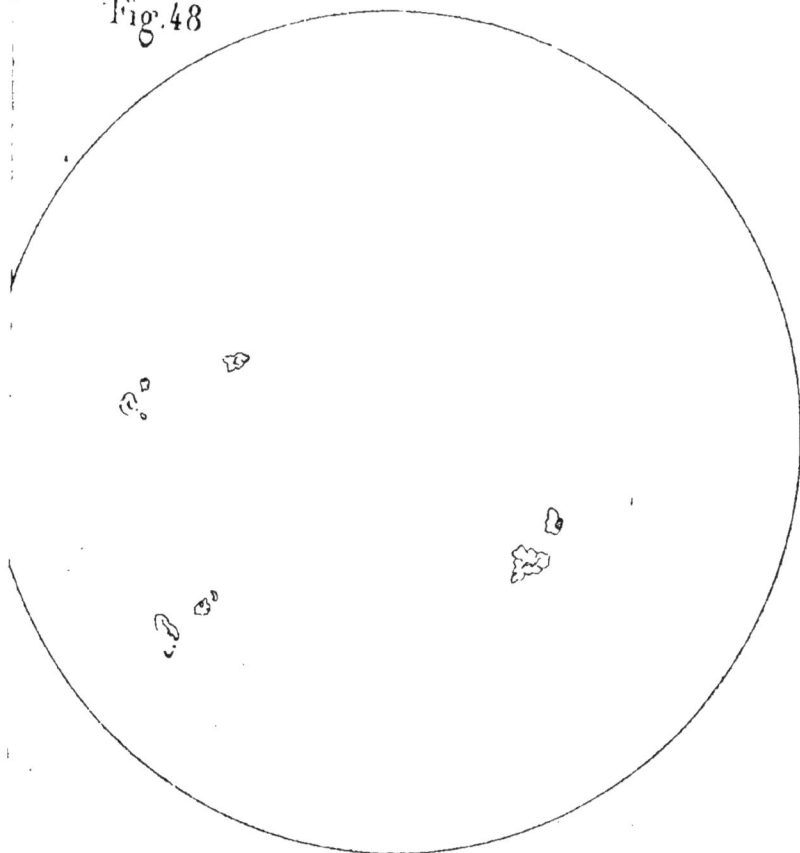

assurer que je n'y ai rien trouvé de semblable. Allez, mon fils, tran-
quillisez-vous et soyez certain que ce sont des défauts de vos verres
ou de vos yeux que vous prenez pour des taches dans le Soleil. »

9

cet astre présente des taches dont le nombre, la position et la forme étaient continuellement variables. Ils constatèrent qu'elles sont noires au centre, leur *noyau*, et qu'elles sont entourées d'une bande lumineuse appelée *pénombre*, autour de laquelle se trouvent souvent des lignes plus brillantes que les autres parties du Soleil, les *facules*. Ils remarquèrent aussi que ces taches sont toujours comprises dans une zone de 30° environ de chaque côté de l'écliptique, et qu'elles se meuvent toutes dans le même sens. Ils en conclurent que le Soleil est animé d'un mouvement de rotation s'effectuant dans le sens direct en vingt-cinq ou vingt-six jours. Ils déterminèrent même la position de son axe dans l'espace et trouvèrent qu'il n'était pas tout à fait perpendiculaire sur l'écliptique, et faisait avec l'axe de l'écliptique un angle de 6 à 8 degrés. Scheiner croyait cependant que les taches n'étaient pas adhérentes au Soleil, mais très-voisines de la surface de cet astre, parce qu'il avait reconnu qu'elles n'avaient pas tout à fait la même vitesse angulaire; Képler avait la même opinion; Galilée, au contraire, les considérait comme des nuages flottant dans l'atmosphère solaire. Mais il est vrai qu'il n'établissait ainsi qu'une simple comparaison, car voici comment il s'exprime à cet égard :

« Je ne veux nullement dire que ces taches du Soleil soient des nuages aqueux comme ceux de notre Terre. Je veux dire seulement que nous n'avons rien qui leur ressemble davantage. Cela peut être des vapeurs, des exhalaisons, des nuées, des fumées produites par le corps solaire lui-même ou attirées par lui de quelque autre part du dehors. Mais là-dessus je confesse n'avoir rien de certain à dire, car cela pourrait être mille autres choses que nous ne pouvons même concevoir. »

On comprend que ces découvertes étaient bien de nature à exciter la curiosité et l'imagination ; aussi surgirent bientôt une foule d'hypothèses sur la constitution physique du Soleil. Voici comment, dans ses entretiens sur la pluralité des mondes, Fontenelle les énumère à la marquise avec ce style piquant que vous lui connaissez :

« Le Soleil est donc un corps particulier : mais quelle sorte de corps? on est bien embarrassé de le dire. On avait toujours cru que c'était un feu très-pur; mais on s'en désabusa au commencement de ce siècle, qu'on aperçut des taches sur sa surface. Comme on avait découvert, peu de temps auparavant, de nouvelles planètes dont je vous parlerai, que tout le monde philosophe n'avait l'esprit rempli d'autre chose, et qu'enfin les nouvelles planètes s'étaient mises à la mode, on jugea aussitôt que ces taches en étaient ; qu'elles avaient un mouvement autour du Soleil, et qu'elles nous en cachaient nécessairement quelque partie, en tournant leur moitié obscure vers nous. Déjà les savants faisaient leur cour de ces prétendues planètes aux princes de l'Europe. Mais il se trouva que ce n'étaient point des planètes, mais des nuages, des fumées, des écumes qui s'élèvent sur le Soleil. Elles sont tantôt en grande quantité, tantôt en petit nombre, tantôt elles disparaissent toutes ; quelquefois elles se mettent plusieurs ensemble, quelquefois elles se séparent, quelquefois elles sont plus claires, quelquefois plus noires. Il y a des temps où l'on en voit beaucoup ; il y en a d'autres et même assez longs où il n'en paraît aucune. On croirait que le Soleil est une matière liquide, quelques-uns disent de l'or fondu, qui bouillonne incessamment, et produit des impuretés, que la force de son mouvement rejette sur sa surface ; elles s'y consument, et puis il s'en produit d'autres. Imaginez-vous quels corps étranges ce sont là ; il y en a tel qui est dix-sept cents fois plus gros que la Terre, car vous saurez qu'elle est plus d'un million de fois plus petite que le globe du Soleil. Jugez par là quelle est la quantité de cet or fondu, ou l'étendue de cette grande mer de lumière et de feu. D'autres disent et avec assez d'apparence, que les taches, du moins pour la plupart, ne sont point des productions nouvelles et qui se dissipent au bout de quelque temps, mais de grosses masses solides, de figure fort irrégulière, toujours subsistantes, qui tantôt flottent sur le corps liquide du Soleil, tantôt s'y enfoncent ou entièrement ou en partie, et nous présentent différentes pointes ou éminences, selon qu'elles s'enfoncent plus ou moins, et qu'elles se tournent vers nous de différents côtés. Peut-être font-elles partie de quelque grand amas de matière solide qui sert d'aliment au feu du Soleil. »

Je saute brusquement plus d'un siècle pour vous

parler des observations de Wilson (1760). Elles étaient
relatives aux taches et avaient pour objet de décider si
elles étaient produites par des cavités, ou si elles étaient
dues à des montagnes ou à des nuages flottant dans
une atmosphère extérieure à la photosphère, ou enfin,
si elles étaient superficielles.

Or, en examinant attentivement des taches dont
le noyau et la pénombre étaient sensiblement circulaires et concentriques alors qu'elles étaient au centre du disque solaire, il vit qu'au fur et à mesure
qu'elles marchent vers le bord, le noyau se rapproche
du centre, et, d'après les notions les plus élémentaires
de la perspective, il en conclut qu'elles étaient dues à
des cavités.

En effet, 1° si la tache était un accident superficiel,

Fig. 49

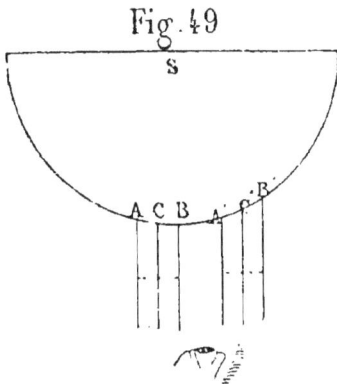

lorsque de la position centrale ACB elle passerait à la
position A'C'B', elle se rétrécirait, mais son noyau C'

occuperait toujours le centre de la tache; 2° si elle était
formée par une montagne ou un nuage, on voit que le

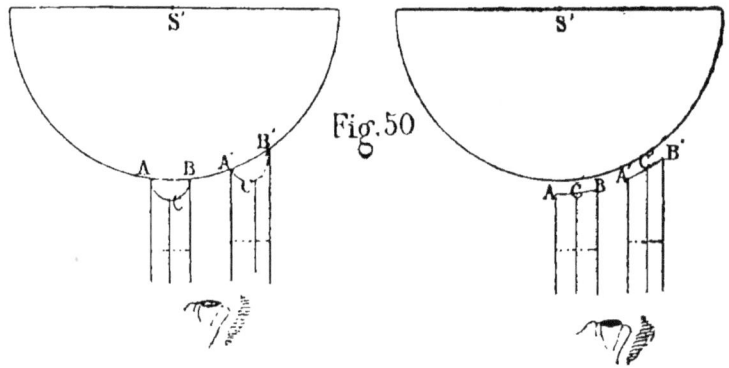

Fig. 50

noyau dans la seconde position serait excentrique et

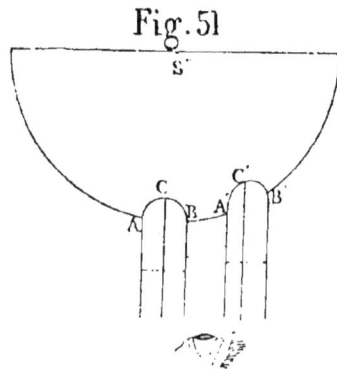

Fig. 51

paraîtrait se rapprocher du bord du Soleil; tandis qu'enfin 3° si elle est due à une cavité, le noyau devient encore

excentrique, mais il se rapproche du centre du disque solaire.

Le docteur Wilson ne s'est pas contenté de tirer cette conclusion forcée de l'observation des taches, mais il a proposé une explication pour leur formation. D'après lui, le Soleil pourrait bien être un immense corps opaque, non lumineux, mais entouré d'une couche gazeuse incandescente, au travers de laquelle se produiraient de temps en temps des éclaircies, ces déchirures de l'atmosphère solaire étant occasionnées par des éruptions de gaz parties du globe central.

Sir William Herschell, en 1804, reprit cette théorie de Wilson; seulement, remarquant qu'elle ne rendait pas compte de la pénombre qui entoure le noyau et qui elle aussi a des contours si tranchés sur la photosphère, que de plus il était difficile d'admettre que le noyau du Soleil en contact direct avec l'atmosphère incandescente restât indéfiniment obscur et froid, il imagina une seconde atmosphère intermédiaire non lumineuse et douée d'un très-grand pouvoir réflecteur à sa surface extérieure. Les éruptions gazéiformes venant du noyau solaire déchireraient à la fois les deux enveloppes, et tout naturellement la photosphère présenterait une plus large ouverture et s'accumulerait sur les bords de la tache en donnant naissance aux facules.

Cette hypothèse était certainement ingénieuse, mais, vous le voyez, elle n'avait d'autre but que d'expliquer la forme des taches, et elle est en contradiction avec les lois les plus élémentaires de la physique; il est en effet impossible d'admettre que l'interposition de l'atmosphère réfléchissante d'Herschell protége assez le noyau du Soleil, pour que ce dernier ne puisse à la longue entrer lui-même en incandescence.

Toutefois ces idées sur la constitution du Soleil furent généralement admises et firent longtemps école. Arago lui-même leur apporta le poids de sa grande autorité, et sa fameuse expérience qui, s'appuyant sur des propriétés de la lumière polarisée, établit péremptoirement la nature gazeuse de la photosphère, vint encore leur donner plus de force.

Mais il y a quelques années, un savant physicien, M. Kirchoff, a été conduit par l'analyse spectrale à une conclusion tout opposée. Je vais vous faire connaître ces belles expériences qui ont ouvert une voie nouvelle des plus puissantes pour la recherche de la nature physique des corps célestes.

Vous savez qu'un faisceau de rayons solaires qui a pénétré dans une chambre obscure par une fente étroite pratiquée dans un volet et qui est reçu sur un prisme de verre, s'y brise, s'y réfracte en se rapprochant de la base du prisme; mais je ne vous avais pas dit qu'en le traversant, il éprouve une décomposition très-remarquable. Le faisceau incident étant dans le plan de la section principale A B C, s'étale à la sortie du prisme, perpendiculairement à l'arête, et si on le reçoit sur un écran MN, on voit que l'image MN, M'N' (le spectre) est colorée de toutes les nuances de l'arc-en-ciel : rouge, orangé, jaune, vert, bleu, indigo, violet. Ce spectre a la

forme d'un rectangle allongé, terminé par deux demi-
cercles, et il est à noter que le rouge occupe la partie

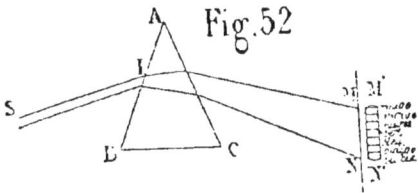

Fig. 52

supérieure si l'arête du prisme est en haut, comme dans
la figure ci-jointe. Cette dispersion montre que le
faisceau de lumière blanche qui tombe sur le prisme est
composé de rayons de diverses couleurs inégalement
réfrangibles et que les rouges sont ceux qui le sont le
moins. Le prisme étant en flint bien pur, on a reconnu
en outre que le spectre est strié perpendiculairement à
sa longueur, parallèlement par conséquent à l'arête du
prisme, d'un grand nombre de raies *noires*. Faünhofer a
noté leurs positions avec le plus grand soin, et il a aussi
observé que la lumière solaire réfléchie par les planètes
donne absolument les mêmes raies, mais que celle qui
provient des étoiles fournit des raies autrement distri-
buées. En poursuivant cette intéressante étude,
MM. Kirchoff et Bunsen sont arrivés à des résultats très-
curieux. Ils ont vu que si l'on substitue à la lumière
solaire une source obtenue au moyen d'un corps solide
ou liquide incandescent, de l'argent fondu par exemple
ou bien un fil de platine porté au rouge blanc par un

courant électrique, etc., le spectre ne présente plus de raies obscures, il est continu. (Ordinairement on examine le spectre avec une lunette grossissante, l'ensemble de tout l'appareil s'appelle alors un spectroscope.) Mais les spectres fournis par des flammes, c'est-à-dire par des gaz incandescents, sont discontinus et donnent des raies *brillantes différemment disposées sur un fond noir*. Considérons en particulier la flamme de l'alcool salé (dont le radical est le sodium); son spectre présente deux belles raies jaunes à la place qui, dans le spectre solaire, est la limite du jaune et de l'orangé et où se trouve précisément une double raie, mais en noir. Les raies brillantes des spectres fournis par d'autres vapeurs métalliques incandescentes, celles du lithium, du strontium, du fer, du chrome, du nickel, offrent la même coïncidence avec les raies noires correspondantes du spectre solaire. Mais aussi la coïncidence ne se remarque pas pour les spectres dus aux vapeurs métalliques d'or, d'argent, de mercure....

M. Kirchoff est arrivé à l'explication de ces faits si singuliers par une admirable expérience. Il interposa devant une éclatante lumière de Drummond (produite, comme on sait, par de la chaux portée à l'état d'une vive incandescence par le dard du chalumeau à gaz oxygène et hydrogène, et qui, par conséquent, donne un spectre sans raies) la flamme pâle d'alcool salé dont le spectre devait être éclipsé par celui très-brillant de la lumière de Drummond, et il vit des raies obscures là où le spectre de l'alcool salé donne deux belles raies jau-

nes; ainsi les rayons jaunes du premier spectre, au lieu
de s'ajouter à ceux du second, étaient neutralisés par lui.
Cette expérience du *renversement des spectres*, répétée
avec d'autres flammes contenant des vapeurs de strontium, de lithium.... réussit toujours. De là, M. Kirchoff tira cette conclusion déjà formulée par M. Angström
que les rayons de la lumière de Drummond, de la même
couleur que ceux qui avaient donné les belles raies
des spectres des métaux considérés, sont absorbés en
grande partie en passant au travers de ces flammes;
aussi, là où le spectre aurait dû présenter de belles
raies jaunes, rouges.... suivant que les métaux étaient
le sodium, le strontium.... il n'offrait que des raies
presque obscures. Ainsi tout s'explique quand on admet
que ces diverses flammes ont un pouvoir absorbant
égal à leur pouvoir émissif pour leurs rayons les plus
remarquables.

Maintenant ne comprend-on pas que si le Soleil
est un corps solide ou liquide incandescent, entouré
d'une atmosphère nuageuse contenant différentes vapeurs métalliques, le spectre de la lumière solaire devra
présenter un renversement analogue à ceux dont nous
venons de parler? De là les raies noires substituées
aux raies brillantes des spectres de ces différents métaux. On peut ainsi reconnaître la présence dans l'atmosphère solaire du sodium, du fer, du chrome, du
nickel.... et l'absence de l'or, de l'argent, du mercure....

D'après cette nouvelle théorie, le noyau du Soleil ne

sera plus obscur; c'est lui qui sera la source de lumière. Plus de double atmosphère, mais une seule, susceptible de se couvrir de nuages immenses, d'une constitution chimique différente, il est vrai, de ceux de notre Terre. Quant à la forme d'une tache et de sa pénombre, elle s'explique au moyen de deux nuages superposés, dont le plus voisin du Soleil est beaucoup plus dense et moins large que l'autre, de telle sorte que les rayons solaires sont plus absorbés au milieu que sur les bords, où ils ne sont arrêtés que par le nuage supérieur. Enfin les facules seraient dues à des effets de contraste.

— De tout cela résulte, observa mon judicieux élève, qu'Arago dit blanc et Kirchoff noir : le premier prouve que la photosphère est gazeuse, le second démontre qu'elle est solide ou liquide.

— C'est bien vrai, répondis-je, mais vous allez voir que cette contradiction n'est qu'apparente et qu'ils ont tous les deux raison. En effet l'expérience d'Arago n'avait pas été faite sur des gaz simples incandescents, mais sur des flammes alimentées par le gaz d'éclairage tenant en suspension des particules de charbon en ignition. La photosphère peut donc contenir, elle aussi, en suspension de grandes quantités de *particules solides entourées de vapeurs métalliques* donnant lieu au renversement des spectres. Il est donc inutile, pour expliquer les raies noires du spectre solaire, d'avoir recours à l'hypothèse de la liquidité ou de la solidité de la photosphère, hypothèse que condamnent formellement les observations de Wilson et l'expérience d'Arago; c'est

aussi une grande faute de revenir aux nuages de Galilée
pour rendre compte des taches, puisque Wilson a établi
avec la plus grande rigueur que ces taches sont dues à
des cavités.

Voilà où en était la question, lorsqu'en 1865 M. Faye
présenta à l'Académie un remarquable mémoire sur ce
sujet. Les annuaires du Bureau des longitudes de 1873
et 1874 contiennent aussi des notices des plus intéressantes où le même savant donne encore plus de développement à ses idées sur la constitution physique du
Soleil. Il commence par établir que les taches ne sont
pas des nuages, mais des cavités, en s'appuyant sur les
observations de Wilson ainsi que sur celles de Carrington, qui avaient pour objet l'étude de leurs mouvements. Il prouve ensuite l'absence de l'immense
atmosphère dont certains astronomes avaient gratifié
le Soleil, en remarquant que la réfraction solaire est tout
à fait inappréciable, ce que les observations du P.
Secchi sont encore venues confirmer. Si l'atmosphère
en question existe, elle est donc d'une très-faible épaisseur. Du reste, M. Janssen a également observé que
les spectres dus à la lumière provenant des bords du
Soleil présentaient les mêmes raies que ceux donnés
par la lumière du centre, tandis que, dans l'hypothèse
d'une haute atmosphère, la couche sur les bords vus
obliquement étant beaucoup plus épaisse qu'au centre
qui est vu normalement, l'absorption devrait y être sensiblement plus grande.

L'illustre académicien passe à l'explication de la pho-

tosphère. Le télescope nous la montre recouverte d'une
matière brillante distribuée en petits amas semblables
à des feuilles de saule ou à des grains de riz[1], et de
temps en temps apparaissent sur elle des taches noires
qui semblent au premier coup d'œil être de simples la-
cunes dans ce réseau de nuages incandescents. Ces innombrables nuages de la photosphère sont dans un état
continuel d'agitation, on dirait des vagues sans cesse
renaissantes; n'est-il pas alors naturel de leur attribuer
la radiation solaire? Leur fonction, dit M. Faye, doit
être d'apporter régulièrement à la surface la chaleur de
la masse interne, sans quoi la photosphère, à force de
rayonner dans l'espace, finirait bien vite par s'éteindre.
De plus, les mouvements occasionnés par le renouvel-
lement perpétuel de l'atmosphère doivent modifier la
rotation naturelle de l'astre; aussi chaque tache, comme
l'a observé M. Carrington, fournit pour ainsi dire un
nombre différent pour la durée de la rotation du Soleil;
les plus rapprochées de l'écliptique conduisent au nombre 25^j,187 et les plus éloignées donnent 27^j,730.

Maintenant, d'où proviennent ces nuages incandescents? Pour M. Faye, le Soleil est une masse gazeuse à
une température très-élevée, mais pas assez cependant
pour qu'elle soit partout supérieure à celle de la dissociation[2] des éléments des corps composés; il observe

1. Ces rides lumineuses sont souvent appelées des lucules, du latin
lucere, envoyer de la lumière.

2. S'il faut une certaine température pour que les corps simples
puissent se combiner entre eux, pas trop n'en faut cependant; il a

en effet que s'il en était ainsi, cet amas de vapeurs et de gaz, doué d'un pouvoir rayonnant bien inférieur à celui des particules incandescentes, serait bien loin d'avoir l'aspect d'un Soleil. Mais la température superficielle de ce corps ne doit pas dépasser énormément celle que nous pouvons obtenir dans nos laboratoires et qui est suffisante pour produire la dissociation de certains corps, mais toutefois incapable de dissocier des composés plus stables. Des mesures de M. Pouillet sur l'intensité actuelle de la radiation solaire, M. Thompson a déduit que la chaleur émise n'est que 15 à 45 fois supérieure à la chaleur engendrée dans le foyer de nos locomotives. N'est-on pas alors autorisé à admettre que le rayonnement abaisse la température du Soleil à sa surface au point de permettre la combinaison de certains éléments? Il en résulte une pluie de particules solides incandescentes très-brillantes[1], lesquelles tombent vers le centre et se dissocient en arrivant à des couches centrales d'une température plus élevée; là elles se transforment de nouveau en vapeurs et remontent vers la surface pour y subir une combinaison nouvelle; alors elles redescendent, puis remontent, ainsi de suite indéfiniment. Les mouvements verticaux ascendants ramè-

---

été démontré, surtout par les belles expériences de M. H. Sainte-Claire Deville, qu'une chaleur suffisante détermine la séparation, la dissociation des corps composés.

1. Une flamme n'est brillante qu'autant que le gaz enflammé tient en suspension une grande quantité de particules solides incandescentes.

nent ainsi incessamment la chaleur du Soleil à sa surface; ils alimentent la photosphère sans pour cela la
dissiper, comme le voulait Wilson, mais en produisant
ces amas de matières incandescentes, comparables à
des grains de riz. On comprend aussi que cette radiation, tout en s'affaiblissant dans la suite des siècles,
doit conserver sensiblement son intensité pendant un
temps considérable. Quant à l'explication des taches,
elle est tout aussi simple : les mouvements descen-
dants des particules *solides* étant plus rapides que les
mouvements ascendants des vapeurs qui reviennent à
la surface, il s'ensuit que la rotation de la photosphère
n'a pas partout la même vitesse; aussi les zones successives et contiguës sont animées de vitesses décrois-
santes à partir de l'équateur. Ce décroissement, dit
M. Faye, bien plus rapide sur le Soleil qu'il ne le serait en vertu de la seule différence des rayons des parallèles de rotation, donne naissance çà et là dans la
photosphère à des tourbillons verticaux tout à fait analogues à ceux qui se produisent si aisément dans nos
cours d'eau, partout où une cause quelconque diminue
ou augmente la vitesse des tranches parallèles au sens
du mouvement. Ces tourbillons absorbent les nuages
lumineux de la surface brillante; ils entraînent dans
leur entonnoir évasé circulairement les matériaux re-
froidis de la chromosphère; de là un abaissement de
température produisant l'opacité du noyau obscur de la
tache. Quant aux facules et à la pénombre, elles sont
dues aux amas de grains de riz qui vont se condenser

autour de l'orifice supérieur du tourbillon ou sont en-
traînés par lui et glissent le long de ses parois en y dé-
posant de longs filaments, comme l'observation le con-
state.

Avant de terminer cet entretien, je dois vous dire
deux mots sur les *protubérances roses* du Soleil. En
1867, le Bureau des longitudes avait chargé M. Janssen
d'aller observer à Trani une éclipse annulaire afin de
vérifier l'existence de la vaste atmosphère où, croyait-
on alors, s'opérait le renversement du spectre. Naturellement il ne l'avait pas trouvée, puisqu'elle n'existe pas;
mais il avait constaté sa totale absence. En 1868, il reçut
de nouveau la mission d'aller observer aux Indes une
grande éclipse totale qui devait offrir une excellente occasion d'étudier longuement les phénomènes extérieurs, les
protubérances et la couronne. On attribuait ces protubérances à des nuages flottant dans une vaste atmosphère,
mais M. Janssen reconnut qu'elles étaient formées par
de l'hydrogène presque pur, incandescent, dont le spectre est formé de quatre raies colorées ; qu'on pourrait
chaque jour, avec le spectroscope, observer ces raies
malgré l'éclat du Soleil, et par conséquent suivre avec
attention et sans interruption ces curieux phénomènes.
On vit alors que la fameuse atmosphère chargée de vapeurs métalliques qu'on avait imaginée jusque-là,
n'existe pas, qu'elle se réduit à une mince couche d'hydrogène incandescent de huit secondes d'épaisseur, appelée par M. Lockyer la *chromosphère*, et que les prétendus nuages sont des effusions immenses d'hydrogène

incandescent qui s'élèvent par-dessus cette couche à des hauteurs fabuleuses de 10 000, de 20 000, parfois 50 000 lieues, et qui se forment, jaillissent et disparaissent avec une rapidité incroyable.

Voilà, mon cher Albert, à peu près tout ce que l'on sait sur la nature physique du Soleil. Cette importante question n'est certes pas encore résolue, mais, grâce surtout aux récents travaux de M. Faye, elle est en bonne voie.

DOUZIÈME SOIRÉE

La Lune. — Son mouvement sur la sphère céleste. — Son mouvement autour de la Terre. — Sa distance. — Son volume. — Sa
masse. — Son mouvement de rotation. — Phases. — Lumière
cendrée. — Montagnes. — Absence d'atmosphère et d'eau.

— Après le Soleil, la Lune est sans contredit celui de
tous les corps célestes dont l'étude nous offre le plus
d'intérêt. Ce n'est cependant pas à son volume que la
Lune doit cette importance, elle est près de cinquante
fois moins grosse que la Terre; ce n'est pas non plus à
son rang dans la famille planétaire, elle n'est même pas
une planète, elle est asservie à notre globe, elle en suit
les destinées, elle tourne autour de lui et l'accompagne
dans sa course annuelle; en un mot, c'est son humble
satellite. Mais elle est très-rapprochée de la Terre,
c'est sa voisine, c'est sa compagne; elles vivent côte à
côte, enchaînées l'une à l'autre, et entretiennent des relations continuelles.

— Je croyais, dit Albert, que la Lune est comparable au Soleil; car, si elle n'est pas aussi éclatante, du moins paraît-elle de même grosseur.

— Son diamètre apparent, répondis-je, est en effet sensiblement le même que celui de l'astre du jour, il varie de 29′ 22″ à 33′ 31″, mais, je vous le répète, cela tient à la proximité de notre satellite; s'il était à la même distance de nous que le Soleil, il paraîtrait quatre cents fois moins gros que lui; ce ne serait plus qu'un simple point peu brillant sur la sphère céleste.

Quand on observe attentivement la Lune, même pendant quelques heures seulement, on reconnaît qu'elle se déplace parmi les étoiles. Elle a un mouvement propre en ascension droite et un autre en déclinaison. Le premier de ces deux mouvements est le plus appréciable; il est treize fois plus rapide que le mouvement apparent du Soleil. Une étoile, le Soleil et la Lune se présentent-ils un jour en même temps au méridien, le lendemain, lorsque l'étoile reparaîtra dans le même plan, déjà le Soleil et la Lune se seront portés vers l'orient; le Soleil aura décrit un arc de près de 1 degré, et la Lune en aura parcouru un dont la valeur moyenne est de 13 degrés; le surlendemain, ces distances se trouveront doublées, et ainsi de suite.

-- De telle sorte, observa mon élève, que le second jour le passage de la Lune au méridien a lieu douze fois quatre minutes ou quarante-huit minutes après celui du Soleil.

— C'est cela. Mais allons plus loin, cherchons d'une

manière précise quelle est la courbe que la Lune parcourt sur la sphère céleste; pour cela, déterminons chaque jour, pendant tout le temps de la révolution de la Lune autour de la Terre, l'ascension droite et la déclinaison de son centre, et rapportons ces coordonnées sur une sphère en carton, comme nous l'avons déjà fait pour le Soleil, nous obtiendrons, en joignant ces points, une ligne qui est *sensiblement* un grand cercle de la

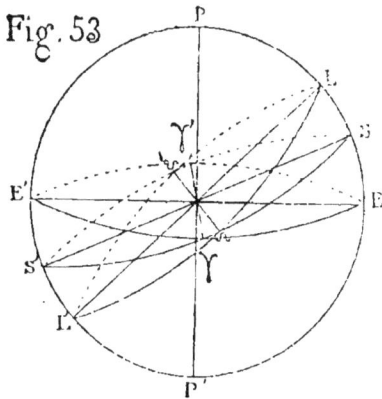

Fig. 53

sphère céleste, incliné sur l'écliptique de 5° 9′ environ. Les points d'intersection de l'orbite lunaire avec l'écliptique s'appellent les *nœuds* de la Lune. Celui où se trouve cet astre, lorsqu'il va du sud au nord de l'écliptique est le nœud ascendant ☊ ; l'autre est le nœud descendant ☋ ; les nœuds ne sont pas tout à fait diamétralement opposés; ils rétrogradent en effet comme les points équinoxiaux, mais bien plus rapidement, car ils font leur révolution en 18 ans $\frac{3}{5}$ environ.

Le temps que met la Lune à décrire son orbite, à accomplir sa *révolution sidérale*, est de 27 jours 8 heures.

De ce que notre satellite paraît décrire une circonférence de grand cercle de la sphère céleste, il ne faudrait pas conclure que l'orbite lunaire est réellement circulaire.

— Sans doute, dit Albert, nous avons fait la remarque sur l'orbite du Soleil; le diamètre apparent de la Lune est variable, sa distance à nous l'est donc aussi. Quand le diamètre apparent est de 29′, la Lune est à *l'apogée*, et quand il est de 33′, elle est au *périgée*.

— On détermine aussi la forme de l'orbite par le procédé qui nous a fait découvrir celle du Soleil, et l'on trouve qu'elle aussi est elliptique, mais elle est plus excentrique, plus allongée. Quant à la distance de notre satellite, elle s'obtient également par la méthode déjà employée pour calculer celle du Soleil; la parallaxe moyenne de la Lune étant de 57′, sa distance moyenne est de 60 rayons terrestres. Ses plus petite et plus grande distances sont de 56,6 rayons terrestres et 63,16 rayons terrestres. On trouve aussi facilement que le rayon de la Lune est les trois onzièmes de celui de la Terre et que par suite son volume est quarante-neuf fois plus petit que le nôtre. Enfin, le calcul apprend que sa masse est quatre-vingt-une fois plus petite que celle de notre globe.

— Outre son mouvement de circulation autour de la Terre, la Lune a-t-elle aussi un mouvement de rotation sur elle-même?

— Il n'y a pas d'exemple dans notre système planétaire de corps qui ne soit animé à la fois de ces deux mouvements, et cela n'a rien de surprenant, car vous n'êtes pas sans avoir remarqué qu'une bille de billard frappée de côté s'avance en pivotant sur elle-même. Mais ce qui est vraiment remarquable, c'est que, pour les planètes, la rotation peut s'effectuer un grand nombre de fois pendant qu'elles décrivent leurs orbites autour du Soleil, tandis que, pour leurs satellites, la circulation et la rotation s'exécutent dans le même temps. Ainsi la Lune tourne une fois sur elle-même pendant qu'elle accomplit sa révolution autour de nous. Pour bien comprendre ce double mouvement, imaginez une personne tournant autour d'une table ronde, de manière à regarder toujours une lampe placée au centre; lorsqu'elle sera revenue au point de départ, elle aura en même temps fait un tour sur elle-même, elle aura successivement fait face à tous les points du pourtour de la salle, absolument comme si elle eût pivoté sur ses talons.

— Ainsi, la Lune nous montre toujours la même face?

— Précisément[1]; les taches que présente son disque

---

1. « La moitié de la Lune (dit Fontenelle à la marquise) qui se trouva tournée vers nous au commencement du monde, y a toujours été tournée depuis; elle ne nous présente jamais que ces yeux, cette bouche et le reste de ce visage que notre imagination lui pose sur le fondement des taches qu'elle nous montre. Si l'autre moitié opposée se présentait à nous, d'autres taches, différemment arrangées, nous feraient sans doute imaginer quelque autre figure. Ce n'est

occupent toujours les mêmes places; une tache centrale permanente a, par exemple, reste toujours au centre, ce qui n'arriverait pas si la Lune se transportait parallèlement à elle-même, car alors le rayon La aurait, quelque temps après, la nouvelle position L'a' parallèle à La, la tache aurait paru se mouvoir vers l'orient de a_1 en a'. Puisque la tache est restée immobile, il faut bien que, pendant le temps que la Lune a mis pour parcourir l'arc LL', ou que le rayon TL a mis à tourner de l'angle LTL', le rayon La' ait tourné dans le sens direct, celui de la flèche N, et de la même quantité. (Les angles LTL', a_1 L'a' sont égaux comme alternes internes, par rapport aux parallèles TL, L'a' et à la sécante TL'.)

Maintenant que vous connaissez les mouvements de

pas que la Lune ne tourne sur elle-même; elle y tourne en autant de temps qu'autour de la Terre, c'est-à-dire en un mois : mais lorsqu'elle fait une partie de ce tour sur elle-même, et qu'il devrait se cacher à nous une joue, par exemple, de ce prétendu visage, et paraître quelque autre chose, elle fait justement une semblable partie de son cercle autour de la Terre; et se mettant dans un nouveau point de vue, elle nous montre encore cette même joue. Ainsi la Lune qui, à l'égard du Soleil et des autres astres, tourne sur elle-même, n'y tourne point à notre égard. Ils lui paraissent tous se lever et se coucher en l'espace de quinze jours; mais pour notre Terre, elle la voit toujours suspendue au même endroit du ciel. Cette immobilité apparente ne convient guère à un corps qui doit passer pour un astre, mais aussi elle n'est pas parfaite. La Lune a un certain balancement (libration) qui fait qu'un petit coin du visage se cache quelquefois, et qu'un petit coin de la moitié opposée se montre. Or, elle ne manque pas, sur ma parole, de nous attribuer ce tremblement, et de s'imaginer que nous avons dans le ciel comme un mouvement de pendule qui va et vient. »

la Lune et les éléments de son orbite, il est, je crois, nécessaire de vous donner l'explication des diverses

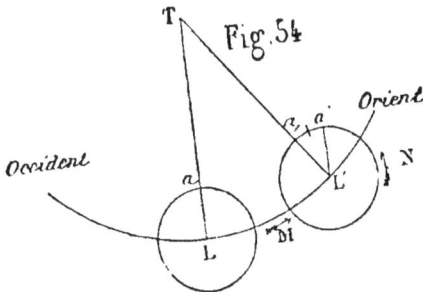

Fig. 54

formes sous lesquelles elle se présente à nous : tantôt c'est un croissant très-délié, tantôt un demi-cercle brillant, tantôt encore un disque entier auquel le vulgaire prête la figure d'une face humaine passablement bouffie.

La cause de cette diversité de formes sous lesquelles nous apercevons la Lune, a été découverte par des philosophes de l'antiquité : Thalès, Anaximandre, Anaxagore, Aristarque, avaient deviné que notre satellite n'a pas de lumière propre, mais qu'il réfléchit vers nous une partie de celle que lui envoie le Soleil. Cette opinion leur permit d'établir la théorie des *phases* de la Lune, telle que la présentent les astronomes de nos jours.

Pour rendre cette explication plus simple, j'admettrai que la Lune décrit autour de la Terre une orbite plane et circulaire, que le plan de cette courbe se confond avec celui de l'écliptique, et que, pendant le temps né-

10

cessaire à la production de toutes les phases (une lunaison), la Terre reste immobile, ou, ce qui revient au
même, les rayons solaires conservent la même direction.
Les deux premières hypothèses n'influent pas sensiblement sur les résultats auxquels nous allons être con-
duits, car l'orbite lunaire est une ellipse peu excentrique, et son plan fait un angle bien faible avec l'écliptique
(5° 9′). Quant à la troisième, elle est aussi permise, car
si, pendant une lunaison, la Terre décrit à peu près la
deuxième partie de son orbite, et si, par suite, les
rayons solaires changent notablement de direction pendant ce temps, néanmoins, cette supposition de l'immobilité de notre globe n'a pour effet que de diminuer
un peu la durée de chaque phase, mais ne modifie ni
leur ordre, ni leur nature.

Soient alors T la terre, ABCDEFGH l'orbite lunaire,
SAT la direction constante des rayons solaires, pendant toute la durée de la lunaison.

Pendant quelques jours, on n'aperçoit la Lune d'aucun point de notre globe, c'est lors de la conjonction,
lorsque cet astre est en A. (Lorsque les centres du Soleil,
de la Lune et de la Terre sont dans un même plan perpendiculaire à l'écliptique, il y a conjonction ou opposition, suivant que ces trois corps sont dans l'ordre
S, L, T ou S, T, L.) La partie éclairée, tournée du côté
du Soleil, n'est en effet pas visible pour la Terre ; du
reste, il y a encore une autre raison : le Soleil et la Lune
sont ensemble sur le même cercle horaire, ils se lèvent
et se couchent en même temps ; aussi la Lune est-elle

toujours plongée dans les rayons solaires. On dit qu'elle est *nouvelle*. Quelque temps après, lorsqu'elle est en B,

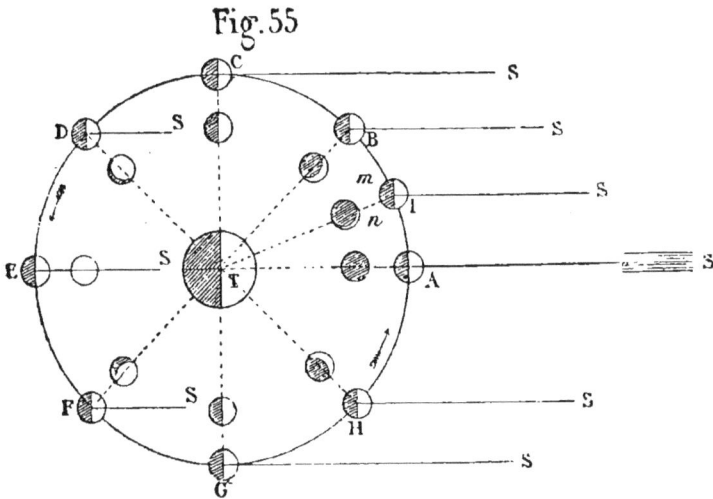

Fig. 55

elle se lève après le Soleil et par suite se couche après lui ; elle est donc visible le soir, et l'on voit son disque faiblement éclairé et présentant l'aspect d'un croissant dont les pointes sont opposées au Soleil. Le croissant s'agrandit de plus en plus, et quand notre satellite est en C, à 90° du Soleil, on voit la moitié de son disque, il est alors à son premier quartier ou en *quadrature* ; il se lève à midi et se couche à minuit. La partie éclairée visible de la Terre continue à augmenter, et enfin, en E, lors de l'opposition, la Lune est *pleine* ; son disque est complétement brillant ; à cette époque elle se lève quand le Soleil se couche, elle éclaire toute la nuit.

— J'aurais cru, observa Albert, que la Terre arrêtant les rayons solaires, la Lune devait dans cette position être obscure.

— Ce serait vrai, répondis-je, si les trois corps, Soleil, Terre et Lune, étaient alors sensiblement en ligne droite; mais vous verrez que la Lune est ordinairement assez éloignée de l'écliptique, soit au-dessus, soit au-dessous, pour qu'elle ne soit pas éclipsée par la Terre. Nous étudierons prochainement cette intéressante question des éclipses.

A partir de là, s'avançant sur son orbite, la partie illuminée visible de la Terre commence à décroître, comme on le voit en F; en G la moitié seulement est visible, et la Lune est à son dernier quartier ou à son déclin; enfin elle offre de nouveau l'aspect d'un croissant qui va sans cesse en diminuant jusqu'à la nouvelle Lune. Ce croissant est visible le matin, parce qu'alors la Lune se lève avant le Soleil; n'oubliez pas en effet que le mouvement diurne est rétrograde, qu'il s'effectue dans le sens opposé à celui des flèches de la figure, et que par conséquent, à cette époque, notre satellite précède le Soleil.

— Si l'on joint les pointes du croissant après la nouvelle Lune, on obtient la lettre D, tandis que le croissant qui la précède a la forme d'un C.

— Précisément, ajoutai-je; et c'est ce qui fait que la Lune est menteuse : elle dit *je décrois* quand elle croît, et *je crois* quand elle décroît.

Avant d'abandonner l'étude des phases, je dois vous

dire que le temps qui sépare deux conjonctions ou deux oppositions consécutives s'appelle la *révolution synodique* de la Lune. Il est facile de voir qu'elle est un peu plus longue que la *révolution sidérale*, qui est le temps que met la Lune à décrire son orbite autour de la Terre.

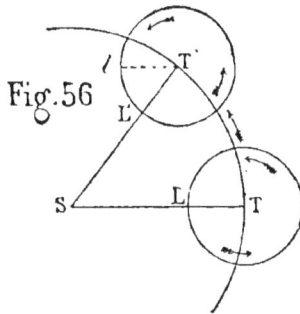

Fig. 56

En effet, supposons que la Terre étant en T, il y ait à ce moment conjonction, que la Lune soit par conséquent en L ; si la conjonction suivante a lieu quand la Terre est arrivée en T', il est évident que notre satellite a fait plus d'une révolution autour de la Terre, il a décrit 360° plus l'arc *l*L', le rayon T'L étant parallèle à TL. La lunaison est de 29 j. 12 h. 44 m., tandis que la durée de la révolution sidérale est de 27 j. 7 h. 43 m.

Je veux encore vous parler d'un curieux phénomène.

Lorsque la Lune est près d'être nouvelle ou vient de l'être, et que, par conséquent, elle a la forme d'un croissant très-délié, le reste du disque présente une

10.

teinte pâle qu'on appelle *lumière cendrée*. Les anciens croyaient que la Lune était elle-même phosphorescente, de sorte que c'était cette lueur qu'offrait la partie du disque qui, d'après la théorie, aurait dû être obscure ; mais alors pourquoi ce phénomène n'aurait-il lieu que vers la conjonction ? C'est le savant Mœstlin, dont Képler fut le disciple, qui trouva le premier la véritable explication de la lumière cendrée, en remarquant que lorsque la Lune a une position I (*fig.* 55) intermédiaire entre B et A, par exemple, la partie *mn* reçoit la lumière qui lui est réfléchie par la Terre et nous la renvoie. Or, précisément à cette époque, c'est la pleine Terre pour la Lune, la moitié de notre globe éclairée par le Soleil se trouve presque toute en face de *mn*. On comprend d'ailleurs que la lumière éprouve par cette double réflexion une diminution notable d'intensité, et *mn* doit paraître très-faiblement éclairée.

Vous avez dû aussi observer ce fait, au premier abord très-singulier, que le croissant semble d'un diamètre plus grand que la partie obscure de la Lune. Cette dilatation apparente du croissant lumineux est un effet d'irradiation : la lumière éclatante du croissant déborde dans tous les sens et élargit le disque de la lune. Pour vous en convaincre, considérez deux cercles de même rayon, tracés à côté l'un de l'autre sur une feuille de carton MN, l'un blanc sur un fond noir, l'autre noir sur un fond blanc, le premier vous paraîtra plus grand.

— Vous me parliez, il y a un moment, de taches permanentes de la Lune, il y en a donc aussi qui ne le

sont pas? Moi, qui n'ai jamais observé le disque lunaire
avec une bien grande attention, je croyais que ses ta-

Fig. 57.

ches étaient toujours invariables de position et de
forme.

— Il y a effectivement, répondis-je, des taches qui
changent de forme et de grandeur, et se reproduisent
périodiquement à chaque lunaison; ce sont des projec-
tions d'ombres de montagnes. Elles sont toujours derrière des points brillants qui se trouvent entre elles et
le Soleil; elles diminuent au fur et à mesure que les
rayons solaires frappent ces points plus perpendiculairement, et finissent par disparaître à l'époque de l'opposition [1]. De la hauteur de ces ombres, on déduit

---

1. Si j'en crois leur rapport (des sens), erreur assez commune,
    Une tête de femme est au corps de la Lune.
    Y peut-elle être? non. D'où vient donc cet objet?
    Quelques lieux inégaux font de loin cet effet.
    La Lune nulle part n'a sa surface unie :
    Montueuse en des lieux, en d'autres aplanie,
    L'*ombre avec la lumière* y peut tracer souvent
            Un homme, un bœuf, un éléphant.
            (LA FONTAINE, fable : *Un animal dans la Lune*.)

facilement la hauteur des montagnes, et l'on trouve que quelques-unes ont au moins six à sept mille mètres, comme certains pics de l'Himalaya ou des Cordillères. Presque toutes ces montagnes ont l'aspect de nos volcans de Bohême et d'Auvergne ; elles sont rangées en cercles de douze à quinze lieues de diamètre ; aux centres se trouvent des cavités profondes, au fond desquelles ne pénètre pas la lumière oblique du Soleil, et qui donnent lieu aux taches permanentes ; enfin, aux milieux de ces *cirques* s'élèvent ordinairement des pitons à pentes raides. Ces montagnes sont d'ailleurs très-nombreuses, mais le reste du globe présente au contraire de grandes plaines grisâtres très-bien nivelées, que les anciens astronomes prenaient pour des mers [1]. Aujourd'hui les observations d'éclipses de Soleil et d'occultations d'é-

---

1. « Comment distinguer sur la Lune des terres et des mers ? demande la marquise à Fontenelle.

— On les distingue, répond-il, parce que les eaux qui laissent passer au travers d'elles-mêmes une partie de la lumière et qui en renvoient moins, paraissent de loin comme des taches obscures, et que les terres, qui, par leur solidité, la renvoient toute, sont des endroits plus brillants. L'illustre M. Cassini, l'homme du monde à qui le ciel est le mieux connu, a découvert sur la Lune quelque chose qui se sépare en deux, se réunit ensuite et va se perdre dans une espèce de puits. Nous pouvons nous flatter, avec bien de l'apparence, que c'est une rivière. Enfin, on connaît assez toutes ces différentes parties pour leur avoir donné des noms, et ce sont souvent des noms de savants. Un endroit s'appelle Copernic, un autre Archimède, un autre Galilée ; il y a un promontoire des Songes, une *mer* des Pluies, une *mer* de Nectar, une *mer* de Crises ; enfin, la description de la Lune est si exacte, qu'un savant qui s'y trouverait présentement ne s'y égarerait non plus que je le ferais dans Paris. »

toiles par la Lune ont prouvé qu'elle n'a pas d'atmosphère, ou que la couche atmosphérique est très-peu
épaisse.

— Comment cela?

— Vous savez que lorsqu'un rayon de lumière passe
d'un milieu dans un autre, il se brise, il se réfracte en
se rapprochant ou s'éloignant de la normale, selon
que le second milieu est plus ou moins dense que le
premier. Or, notre globe est entouré d'une atmosphère
de quinze ou vingt lieues d'épaisseur, et dont les cou-

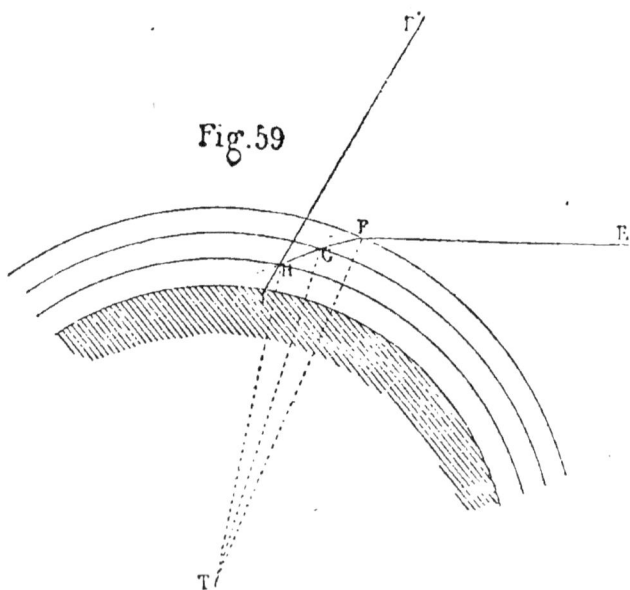

Fig.59

ches sont d'autant plus denses qu'elles sont plus rapprochées de la surface terrestre; alors un rayon de lu-

mière émanant d'un astre E y subit des réfractions successives; il décrit la ligne brisée, sensiblement courbe, EFGHI, et arrivant à l'œil I suivant la direction HI, il paraît sur la sphère, en E', sur le prolongement de cette direction; il semble donc plus élevé au-dessus de l'horizon qu'il ne l'est réellement. La réfraction est d'autant plus grande que l'astre est plus près de l'horizon; quand il est sur l'horizon, la réfraction est de 33', à 10° elle n'est plus que de 5', à 20° de 2'1/2, à 30° 1'1/2...; à 90° elle est nulle. D'après cela, voulez-vous la hauteur réelle d'un astre qui paraît à 10°, vous devez retrancher 5'; cette hauteur n'est donc réellement que de 9° 55'. Vous remarquerez aussi que quand un astre paraît se lever, il n'est pas encore levé : il est encore à 33' au-dessous de l'horizon ; et quand il semble se coucher, il est déjà couché depuis un moment : il est encore à 33' au-dessous du plan de l'horizon. Cela compris, supposez que la Lune passe devant une étoile, et que notre satellite ait une atmosphère assez étendue, un peu après le commencement et un peu avant la fin de l'occultation, les rayons envoyés par l'étoile pénétrant dans l'atmosphère lunaire s'y réfracteraient, et l'étoile serait encore visible; la durée de l'occultation serait donc diminuée d'une quantité appréciable. Or, cette diminution n'a jamais été constatée, pas plus que pendant les éclipses de Soleil; nous devons donc conclure que si la Lune a une atmosphère, elle est d'une hauteur bien faible.

Une autre preuve de cette curieuse particularité de la Lune est fournie par l'analyse spectrale. MM. Huggins et Miller ont en effet reconnu que le spectre lunaire présente absolument les mêmes raies que celui du Soleil; or, si la Lune avait une atmosphère, la lumière solaire devrait subir en la traversant une absorption qui donnerait naissance à des raies spéciales ou plus dilatées.

De cette absence d'atmosphère résulte comme conséquence forcée que notre satellite n'a pas de mers, puisque leur eau se vaporiserait, et leurs vapeurs, ne supportant aucune pression, formeraient une couche gazeuse autour de ce globe. Ainsi nous sommes autorisés à croire que le sol de la Lune est complétement aride et desséché, en tout analogue à ces contrées désolées de notre Terre qui ont été profondément tourmentées et bouleversées par de violentes et incessantes actions volcaniques.

— Alors, remarqua mon élève, il n'est pas possible que cet astre soit habité.

— Par des êtres semblables à nous, c'est hors de doute, répondis-je; mais la vie peut se manifester de bien des manières et dans des conditions bien différentes. Sur la Terre, vous la voyez répandue à profusion sous les formes les plus variées; l'échelle animale s'étend à l'infini; et si à son sommet nous trouvons des animaux de haute taille et à structure compliquée, au bas nous sencontrons des êtres microscopiques et d'une étonnante implicité. Mais partout leurs conformations et leurs besoins sont admirablement appropriés aux milieux dans lesquels la Providence les a placés. Je vous engage

donc à être plus réservé dans votre conclusion et à
dire comme Fontenelle. Ce savant croyait à l'habitabilité
de la Lune et répondait à ceux qui lui objectaient l'in-
compatibilité de son opinion avec celle de la postérité
d'Adam, qui évidemment n'avait pu s'étendre jusqu'à
notre satellite : « Il vous plaît de mettre des hommes
dans la Lune; moi, je n'y en mets point, j'y mets des
habitants qui ne sont point du tout des hommes. »

11

TREIZIÈME SOIRÉE

Pourquoi la Lune paraît plus grosse à l'horizon qu'au zénith. — Marées lunaires. — Marées solaires. — Marées atmosphériques. — Influence de la Lune sur les changements de temps. — Lune rousse.

J'allais entretenir mon élève des diverses influences réelles ou supposées de la Lune sur notre Terre, lorsqu'un magnifique spectacle s'offrit à nos yeux. La Lune, qui était alors dans son plein, s'élevait lentement au-dessus de l'horizon et montait majestueusement, semblable à un énorme ballon rouge.

— C'est étonnant, observa mon élève, comme elle paraît plus grosse que lorsqu'elle est au zénith ; elle n'est cependant pas plus rapprochée de nous ?

— Non certes, répondis-je ; elle est même un peu plus éloignée, car sa distance à nous est maintenant à peu près la même que si nous étions au centre de la Terre,

60 rayons terrestres, par exemple, tandis que lorsqu'elle sera au zénith, la distance ne sera plus que de 59 rayons

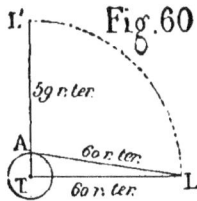

Fig. 60

terrestres; le diamètre apparent de la Lune sera donc un peu plus grand, il sera à celui qu'elle nous présente en ce moment dans le rapport de 60 à 59.

— Ainsi ce grossissement du disque lunaire est le résultat d'une illusion ; pourriez-vous me donner une explication satisfaisante de ce singulier phénomène ?

— Plusieurs hypothèses ont été imaginées pour rendre compte de cette curieuse anomalie; malheureusement aucune n'est à l'abri des objections.

D'abord on a dit que les objets, maisons, arbres.... placés entre nous et la Lune, lorsqu'elle est à l'horizon, permettent d'estimer la distance d'une manière plus précise et ont pour effet de la faire paraître plus grande. Or, le diamètre apparent de la Lune, l'angle O, reste sensiblement le même, qu'elle soit à l'horizon ou au zénith; vous voyez alors qu'elle ne peut paraître s'éloigner qu'à la condition de sembler grandir. Mais est-il bien exact que la présence d'objets intermédiaires entre notre œil et la Lune ait pour conséquence d'en augmenter la distance ? Pour appuyer cette assertion, on peut

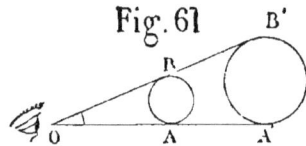

Fig. 61

remarquer que le disque lunaire au zénith, vu à travers un trou fait avec une épingle dans une feuille de papier, paraît aussi gros qu'à l'horizon; mais pour la combattre on peut soutenir, comme le faisait Euler, qu'un appartement paraît plus grand quand il n'est pas meublé; ou encore, ce qui est plus convaincant peut-être, que le grossissement est très-prononcé en mer, en temps calme, alors qu'aucun objet ne se trouve entre l'observateur et notre satellite; ou enfin que, si on le regarde au travers d'un tube cylindrique, sans verres, il paraît aussi plus gros à l'horizon qu'au zénith.

D'autres ont pensé que le grossissement provient de la forme surbaissée de la voûte céleste; la couche supérieure de l'atmosphère $ll'l''l'''$ formerait un tableau sur lequel viendraient se projeter les objets extérieurs; de sorte que quoique les diamètres de la Lune à l'horizon et au zénith LAL', $L''AL'''$ soient sensiblement les mêmes, l'astre paraîtrait plus gros à l'horizon, puisque l'arc ll' est plus grand que $l''l'''$. D'ailleurs, on expliquerait cette forme surbaissée en remarquant que

la vue peut atteindre d'autant plus loin que le nombre
des molécules d'air éclairées interposées entre l'œil et

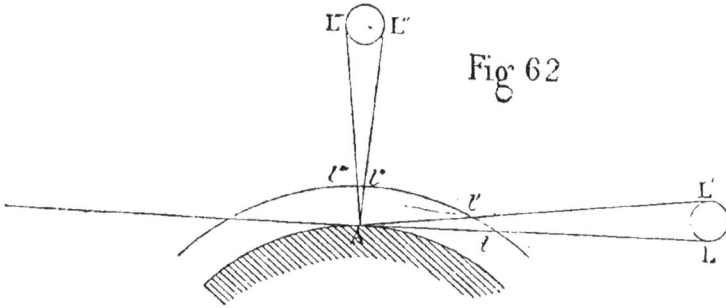

Fig 62

le corps lumineux est plus grand, d'où il résulterait
que comme A*l* est à peu près douze fois plus long
que A*l''*, le fond du tableau serait douze fois plus loin
dans le sens horizontal que dans la direction verticale.
Mais cette explication, quoique séduisante, est difficile à
admettre, par cette considération que l'arc *ll'* serait
beaucoup plus grand que l'arc *l''l'''*; or, si la Lune
est grossie à l'horizon il s'en faut qu'elle le soit dans
cette proportion.

Je croirais plutôt que ce grossissement a pour cause
principale la diminution notable d'intensité que doivent
subir les rayons lumineux qui nous viennent de la
Lune en traversant une couche atmosphérique beaucoup
plus étendue, et en outre chargée de vapeurs souvent
très-épaisses. La présence de ces brouillards a certainement une large part dans le phénomène, car le gros-

sissement est surtout remarquable quand l'atmosphère est brumeuse. C'est aussi du reste à l'action absorbante des brumes pour tout rayon de lumière autre que le rouge, qu'il faut attribuer cette teinte rougeâtre très-prononcée que présente le disque lunaire. Vous comprenez maintenant sans peine que cet affaiblissement dans l'intensité de la lumière que nous envoie la Lune nous porte à la supposer plus éloignée, et je vous ai dit tout à l'heure que le grossissement de son disque est une conséquence forcée de son éloignement; l'une de ces illusions entraîne nécessairement l'autre.

On pourrait expliquer de la même manière les grossissements qu'offrent à l'horizon le Soleil et les constellations.

Passons maintenant à un autre sujet, étudions l'influence de la Lune sur la Terre, en ne nous occupant, bien entendu, que des actions purement physiques que nous lui attribuons sur les phénomènes terrestres.

— Est-ce qu'autrefois on ne lui donnait pas une puissance plus étendue?

— Nous sommes heureusement loin de ces temps d'ignorance, où l'on considérait les astres et en particulier la Lune comme des forces surnaturelles auxquelles étaient soumis non-seulement la plupart des actes de la vie des hommes, mais souvent même les destinées des États. L'astrologie a depuis longtemps perdu tout son empire et on n'ajoute plus foi aux prédictions de l'avenir fournies par les positions respectives des diverses planètes. Si Stoffler, qui annonça un déluge universel pour le mois de février 1524, qui fut, par parenthèse, d'une sécheresse extraordinaire, si Stoffler, dis-je, revenait, non-seulement il ne se trouverait plus d'hommes assez simples pour faire construire des arches de Noé, comme le fit à cette époque un certain docteur de Toulouse, nommé Auriol, mais on rirait de ses prédictions comme on s'amuse de celles de l'*astronome* Nick, malgré ses *forces sidérales* et ses *lunestices*. Les progrès de la science nous ont, Dieu merci, rendus moins crédules, notre esprit est plus difficile à satisfaire; il s'est assez longtemps payé de mots, maintenant il exige des preuves.

— De quelles manières peut se manifester l'influence de la Lune sur nous?

— Son action sur la Terre ne peut être due qu'à deux causes : son attraction et sa chaleur.

— N'est-ce pas l'attraction de notre satellite combinée avec celle du Soleil qui produit les *marées*?

— Précisément, répondis-je, et je pense que vous ne serez pas fâché de comprendre ce remarquable phénomène.

— Certainement, répliqua Albert; l'année dernière à pareille époque j'étais aux bains de mer, et j'avoue que ce grand mouvement des eaux de l'Océan m'impressionnait beaucoup. Deux fois par jour la mer s'élève et s'abaisse par rapport à une hauteur moyenne, elle s'avance graduellement sur le rivage et puis peu à peu se retire; en d'autres termes, chaque jour la mer est deux fois *haute* et deux fois *basse*, il y a deux fois *flux* et deux fois *reflux;* mais quelle est la cause de ce grandiose phénomène? Je l'ignore.

— Et cela ne m'étonne pas, répondis-je en riant ; elle a été si difficile à trouver qu'on a longtemps appelé cette question : *le tombeau de la curiosité humaine.* Quelques philosophes de l'antiquité avaient attribué ce phénomène aux aspirations et expirations de l'animal du monde ; car, dans ces siècles d'ignorance et de poésie, notre globe n'était pas une masse inerte, mais un être vivant, qu'un feu divin animait, ainsi que l'âme anime le corps humain.

Platon (400 ans avant Jésus-Christ) l'expliquait en imaginant une immense caverne où les flots allaient s'entasser et d'où la respiration du monde les faisait jaillir.

Pline en trouva la cause dans le Soleil et la Lune : « Quand la lune monte sur l'horizon, la mer, comme entraînée par la même impulsion, croît en hauteur. Commence-t-elle à descendre vers l'occident? l'orgueil des flots baisse avec elle ; puis ils reprennent leur essor quand elle atteint la partie du ciel opposée à notre zénith. »

Képler fut le premier qui chercha à expliquer les marées par l'attraction universelle; mais c'est Newton [1],

---

1. La mer entend sa voix. Je vois l'humide empire
     S'élever, s'avancer vers le ciel qui l'attire :
     Mais un pouvoir central arrête ses efforts;
     La mer tombe, s'affaisse et roule vers ses bords.
            (VOLTAIRE, *Épître à Mme la marquise du Châtelet
                  sur la philosophie de Newton.*)

et après lui Maclaurin, Daniel Bernouilli et Euler qui résolurent le problème. Enfin, Laplace le soumit à l'analyse la plus minutieuse, et les résultats de ses calculs transcendants s'accordent tellement bien avec ceux de l'observation, que l'on peut maintenant considérer cette belle théorie comme une éclatante confirmation du principe de la gravitation universelle?

— Vous ne m'avez pas encore parlé de la gravitation universelle.

— C'est vrai, et je réserve cette question capitale pour faire l'objet d'un prochain entretien; cependant il est indispensable que vous en connaissiez dès aujourd'hui les lois. Les voici en deux mots : Deux corps placés en présence l'un de l'autre s'attirent mutuellement, et cette attraction varie en raison directe de leurs masses et en raison inverse du carré de la distance. Imaginez, par exemple, deux balles de plomb A et B, de masses différentes, complétement libres, et à une certaine distance l'une de l'autre; elles se porteront l'une vers l'autre et seront sollicitées par la *même* force, c'est-à-dire que A attirera B avec la même énergie que B attirera A. Il ne faudrait cependant pas croire qu'elles marcheront avec la même vitesse; la balle la plus légère ira le plus vite, car il est évident que la *même* force agissant sur des masses différentes, leur imprime des vitesses différentes et d'autant plus grandes que les masses sont plus faibles. Maintenant, l'attraction mutuelle des deux masses leur est proportionnelle; voici ce que cela veut dire : Les deux masses sont-elles égales

11.

et représentées par 1, l'attraction a une certaine valeur;
qu'alors la masse A devienne par exemple 7 fois plus
grande, l'attraction devient, elle aussi, 7 fois plus
grande ; puis, que la masse B devienne également 5 fois
plus grande, l'attraction devient 5 fois plus grande
encore, ou 35 fois plus grande que lorsque les
masses étaient égales chacune à 1. Enfin, l'attraction
varie en raison inverse du carré de la distance, c'est-à-
dire que si la distance des deux balles devient deux,
trois, quatre fois plus grande, l'attraction devient quatre,
neuf, seize fois moindre....

Abordons maintenant la théorie des marées.

Vous savez que plus des deux tiers de notre globe
sont occupés par l'Océan ; nous pouvons donc, pour plus

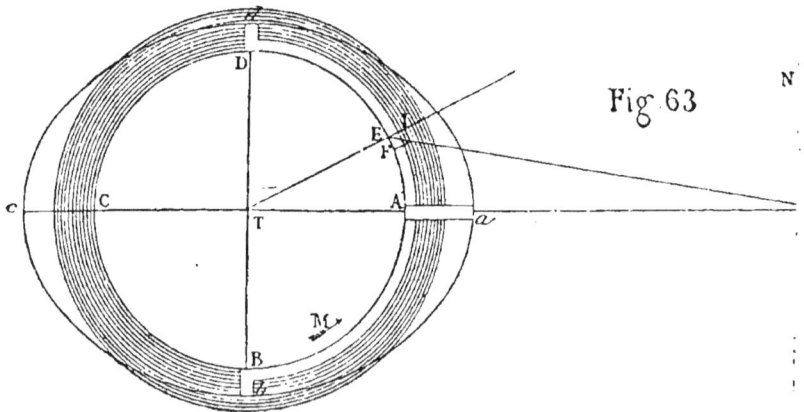

Fig. 63

de simplicité, supposer d'abord la sphère terrestre recouverte partout d'une égale couche d'eau. Considérez

la figure que voici. Soient L la Lune, T la Terre, ABCD
son équateur ou, ce qui revient à peu près au même,
la courbe d'intersection de la Terre avec l'orbite lunaire. On démontre en mécanique que l'attraction de
deux sphères *solides* est la même que si leurs masses
étaient réunies en leurs centres. Par conséquent, si A
est une molécule d'eau, comme elle est plus voisine de
la Lune que le point T, elle est plus attirée par notre
satellite que la partie solide de la Terre que nous devons supposer concentrée en T ; elle tend donc à se détacher de la Terre, mais elle est maintenue par son
poids qui subit seulement une très-petite diminution [1].
De même la molécule C, étant plus éloignée de L que
T, est moins attirée par la Lune ; la terre tend donc à
s'en séparer ; mais la pesanteur maintient la molécule
à sa surface, et l'effet est le même que si cette molécule
C perdait une très-faible partie de son poids ; par le
calcul, on voit que cette perte de poids est sensiblement la même que celle qu'éprouve la molécule A.
Quant aux points B et D, ils se trouvent à peu près à
la même distance de la Lune que le point T, et par suite
n'éprouvent pas de changement de poids. Il résulte de
là que si on imaginait, avec Laplace, un tube recourbé
sur le fond de la mer et se redressant en B, en A et en

1. Un corps à la surface de la Terre perd, lorsqu'il passe sous la
Lune, environ un dix-millionième de son poids ; pour un corps pesant
quatre-vingt-dix kilogrammes, la diminution n'est que d'un centi-
gramme, la centième partie du poids d'une pièce d'argent de vingt
centimes.

D jusqu'à la surface, d'après la théorie des tubes communiquants, la densité du liquide étant moindre en A qu'en B et en D, le niveau devrait être plus élevé dans la première branche que dans les deux autres ; mais savez-vous quelle serait cette différence de hauteur en faveur de la branche A, en supposant même la profondeur de la mer égale à 9 kilomètres? elle ne serait que de 1 *millimètre*. Cependant, au milieu de l'Océan, l'élévation en A au-dessus du niveau moyen est de plus de 1 *mètre*; ce n'est donc pas seulement l'action directe de la Lune qui, diminuant la pesanteur des molécules du tube A, y détermine l'élévation du niveau; il y a une autre cause bien plus énergique. Dans une masse fluide, les impressions que reçoit chaque molécule se communiquent à la masse entière : voilà pourquoi l'action de la Lune, qui est insensible sur une molécule isolée, produit sur l'Océan des effets remarquables. En effet, elle n'agit pas seulement sur les molécules du tube A, mais sur toutes celles qui sont intermédiaires entre A et D et entre A et B ; or, son action sur une molécule E ayant la direction oblique LE se décompose en deux, l'une EI produisant une petite diminution de poids pour la molécule E, et l'autre EF tirant cette même molécule vers A ; par conséquent, l'élévation dans le tube A est surtout due à la pression des molécules renfermées dans le canal, et qui toutes font un effort pour se réunir au-dessous de l'astre ; elle est la somme, l'intégrale, pour employer l'expression mathématique, de tous ces efforts infiniment petits. Il est bien entendu qu'au-dessus de ce canal, nous pouvons en placer d'autres jusqu'à la surface et répéter pour chacun d'eux ce que nous venons de dire.

Vous concevez alors que si on pouvait soustraire la Terre à l'attraction lunaire, et tout d'un coup rétablir cette action, à ce moment, la surface terrestre perdrait la forme sphérique qu'elle présentait préalablement et deviendrait ellipsoïdale (*abcd*); la mer se gonflerait en A et C et se déprimerait en A et D.

Dans l'explication qui précède, nous supposions la Terre immobile; comme elle tourne sur elle-même dans le sens de la flèche M, vous comprenez qu'il doit se former une vague considérable d'une hauteur très-petite (1 à 2 mètres), comparativement à sa base, et dont le sommet marche onduleusement le long du cercle ABCD. Six heures après le passage de A devant la Lune, B prendra sa place; le renflement aura lieu dans le sens BD et la dépression en A et en C; il y aura pleine mer en B et D, basse mer en A et C.

Nous supposions aussi la Lune immobile, mais elle a un mouvement de même sens que celui de la Terre, celui de la flèche N, qui lui fait parcourir par jour à peu près un vingt-septième de son orbite; aussi, quand le point A se retrouvera sous la Lune, qui aura alors la position L′, il aura fait plus d'un tour; il se sera écoulé plus de 24 heures (24^h 50^m 28^s); par conséquent, le temps qui sépare une pleine mer de la basse mer suivante est de 6^h 12^m 37^s environ.

— Je comprends bien tout cela, dit Albert, mais

cette théorie repose sur l'hypothèse que la Terre est entièrement recouverte d'eau, tandis que sur cette vaste
nappe émergent çà et là des îles et des continents.

— Sans doute, mon ami, mais il est facile de voir
ce qui va résulter de cette nouvelle complication. Nous
avons reconnu qu'en chaque point de la mer se forme
une vague immense qui tour à tour s'élève et s'abaisse
sur place, bien différente en cela des vagues ordinaires
qui marchent sur la surface des eaux, entraînant avec
elles les corps flottants. Eh bien, que cette vague se
forme sur la côte d'un continent, quand elle sera haute,
elle fera invasion sur la plage ou ira se briser contre
les rochers escarpés ; six heures après, elle se retirera et
se perdra de nouveau dans les profondeurs de l'Océan.

Maintenant, revenons à notre canal de tout à l'heure,
et nous comprendrons sans peine que, puisque la vague est surtout produite par les pressions des molécules de ce tube, lesquelles peuvent être très-éloignées,
il faut un certain temps pour que le maximum de l'effet se produise. Aussi vous ne serez pas étonné quand
je vous dirai que, sur les côtes de France, les plus hautes mers, qui devraient, nous allons le voir dans un
instant, avoir lieu aux moments des nouvelles et pleines
lunes, n'arrivent que 36 heures après.

D'ailleurs les configurations des côtes, la profondeur de l'eau, influent beaucoup sur les moments des
hautes et des basses mers des différents ports. Aussi
l'heure à laquelle la marée a lieu sous un même méridien change d'un port à l'autre ; cependant, ces circon-

stances locales restant toujours les mêmes, le retard,
qu'on nomme l'établissement du port, est constant en
chaque lieu. A Cherbourg, par exemple, il est de
8 heures, ce qui veut dire que la mer y est haute
8 heures après le passage de la Lune au méridien.

Enfin, si vous me demandiez pourquoi les marées sont
à peine sensibles dans les mers de peu d'étendue : la mer
Caspienne, la mer Noire, la Méditerranée, je vous ré-
pondrais en deux mots que c'est parce que notre canal
y est trop court, et par suite les pressions qui produisent le phénomène trop peu nombreuses.

— Le Soleil, dit Albert, n'a-t-il pas, lui aussi, d'influence sur les marées?

— Oui, répondis-je; mais elle est beaucoup moins
sensible, parce que si, d'un côté, la masse de cet astre
est bien plus considérable que celle de la Lune, d'un
autre, la distance à nous est quatre cents fois plus
grande que celle de notre satellite ; or, l'attraction est,
vous le savez, proportionnelle à la masse et en raison
inverse du carré de la distance, et le calcul apprend
qu'il n'y a pas compensation et que l'attraction solaire
est environ deux fois moindre que celle de la Lune. En
en tenant compte, vous observerez qu'aux moments des
nouvelles ou pleines lunes, des conjonctions ou des
oppositions, les deux astres agissent de concert, leurs
actions s'ajoutent ; mais ces actions se détruisent en
partie aux quadratures, puisque si la Lune produit, par
exemple, une haute mer en A et C, le Soleil au même
tinsant y détermine une basse mer. Aux autres épo-

ques, les actions de ces deux corps se combinent. Les marées sont donc maxima, lors des conjonctions ou des oppositions, surtout lorsqu'elles arrivent au moment des équinoxes.

En terminant cette étude, je vous ferai encore remarquer que dans tout ce qui précède, nous avons supposé le lieu de la Terre sur l'équateur ou au moins dans la zone torride. Dans nos climats, la Lune et le Soleil ne passent jamais au zénith ; les marées sont donc plus faibles. Aux pôles, ces astres sont à l'horizon ou très-près de l'horizon ; il n'y a plus, à proprement parler, de marées.

— La Lune, observa Albert, ne produit-elle pas aussi des marées aériennes ?

— L'atmosphère, répondis-je, doit certainement subir, comme l'Océan, les effets de l'attraction lunaire ; mais si des observations barométriques très-suivies ont permis d'en constater l'existence, elles ont aussi établi qu'ils étaient à peine sensibles. C'est cependant sur cette assimilation des marées atmosphériques et océaniennes que s'appuient les assertions de ceux qui veulent rattacher les changements de temps aux phases de la Lune. Mais, quoique cette croyance soit très-répandue, surtout dans les populations de nos campagnes, cette correspondance n'est nullement démontrée. D'abord, comme le dit Arago, il est assez difficile de définir ce qu'on appelle un changement de temps : est-ce le passage du calme au vent, d'un vent faible à un vent fort, d'un ciel serein à un ciel un peu nuageux, d'un ciel nuageux à un ciel un peu couvert?... rien n'est plus vague que ce mot. Maintenant, quand même il supposerait des variations plus tranchées, rien ne justifie l'opinion populaire; au contraire, les registres météorologiques tenus depuis plus d'un demi-siècle à l'observatoire de Paris, et compulsés par M. Bouvard, ont parfaitement établi que les phases lunaires n'ont aucun rapport avec les changements de temps. D'ailleurs, M. Faye fait remarquer que si ces derniers étaient dus aux marées atmosphériques, « la pleine et la nouvelle lune auraient exactement la même influence, tandis qu'on attribue aux nouvelles lunes seules le pouvoir de changer le temps [1]. Puis les effets de l'attraction de la Lune sur l'atmosphère sont généraux : s'ils produisaient des changements de temps en un lieu donné, ils devraient en produire de pareils partout ailleurs, ou du moins sur le même parallèle. Or, on sait bien qu'il n'en est rien : dans nos climats tempérés, il pleut ici, tandis qu'il fait beau un peu plus loin dans la contrée voisine. Plus près de l'équateur, se trouvent de vastes régions où il ne pleut et où il ne tonne jamais, d'autres où il tonne presque tous les jours; et cependant la Lune se renouvelle pour ces pays comme pour le nôtre. »

Faut-il maintenant vous parler de la prétendue influence de la Lune sur certaines maladies, ou du pouvoir de sa lumière pour dégrader les murs, ou encore

---

1. Si la Lune renouvelle au beau, dans trois jours on aura de l'eau.

du choix qu'il faut faire de telle ou telle de ses phases
pour couper les bois, pour planter, pour semer, pour
cueillir?... Je me contenterai de déplorer l'ignorance et
la crédulité humaine, et de dire avec le bon La Fon-
taine :

> L'homme est de glace aux vérités,
> Il est de feu pour les mensonges.

— J'en conviens, répliqua mon élève, mais au moins
ne niez-vous pas la lune rousse [1] et ses désastreux effets. Lorsqu'elle brille claire et radieuse, c'est alors
qu'elle est le plus irritée contre nos cultures ; quand,
au contraire, elle se cache timide derrière les nuages,
elle n'est plus à craindre.

— Je vous répondrai, mon ami, qu'en énonçant ce
fait, les agriculteurs sont parfaitement dans le vrai,
mais qu'ils se méprennent sur la cause. Voyant les
jeunes feuilles, les bourgeons geler, *roussir*, comme ils
disent, bien que la température de l'atmosphère qui les
entoure soit souvent à quatre, à cinq, même six degrés
au-dessus de zéro, ils trouvent tout naturel d'en rendre
la Lune responsable. Mais en concentrant ses rayons,
au moyen d'un grand réflecteur, sur un thermomètre
très-sensible, cet instrument n'accuse aucun abaissement de température ; la Lune n'a donc pas de *vertu
frigorifique*. Il y a même mieux : M. Melloni est parvenu à constater qu'elle nous envoie une faible chaleur,

1. Qui commence en avril et finit en mai.

en se servant pour concentrer ses rayons, d'une énorme
lentille de 1 mètre de diamètre, laquelle, exposée aux
rayons du Soleil, aurait suffi pour réduire le platine en
vapeurs. Voici maintenant comment on peut expliquer
ce phénomène : M. Wels a reconnu que, par une nuit
sereine, la température de certains corps, des végétaux
en particulier, pouvait s'abaisser bien au-dessous de
celle de l'air ambiant; la gelée observée peut donc être
produite par un fort rayonnement qu'un abri quelconque ou les nuages peuvent diminuer, en réfléchissant
vers la Terre une partie de la chaleur qui se serait perdue dans les espaces célestes. Du reste, il paraît que le
rayonnement n'est pas la seule cause des gelées prin-
tanières. On observe, en effet, qu'elles sont assez rares
dans les nuits de la première quinzaine d'avril, quand
même le ciel est très-pur, mais qu'elles sont surtout
fréquentes vers la fin de ce mois et le commencement de
mai. Ce refroidissement insolite de l'atmosphère serait
occasionné par la débâcle des glaces du Nord ; la fonte
des glaces dans les régions polaires produirait un appel
de l'air chaud de nos contrées, et par suite pour nous
un contre-courant inférieur, un vent du nord très-froid.

QUATORZIÈME SOIRÉE

Éclipses de Lune et de Soleil.

—Vous voulez, dis-je à Albert, que je vous explique le phénomène des *éclipses*? Écoutez Fontenelle, à qui la marquise a posé la même question :

« Il ne tient qu'à vous de deviner leur cause, répond-il à son interlocutrice. Quand la Lune est nouvelle, qu'elle est entre le Soleil et nous, et que toute sa moitié obscure est tournée vers nous, qui avons le jour, vous voyez bien que l'ombre de cette moitié obscure se jette vers nous. Si la Lune est justement sous le Soleil, cette ombre nous le cache, et en même temps noircit une partie de cette moitié lumineuse de la Terre qui était vue par la moitié obscure de la Lune. Voilà donc une éclipse de Soleil pour nous pendant notre jour, et une éclipse de Terre pour la Lune pendant la nuit. Lorsque la Lune est pleine, la Terre est entre elle et le Soleil, et toute la moitié obscure de la Terre est tournée vers toute la moitié lumineuse de la Lune. L'ombre de la Terre se jette donc vers la Lune; si elle tombe sur le corps de la Lune, elle noircit cette moitié lumineuse que nous voyons, et à cette moitié lumineuse qui avait le jour elle lui dérobe le Soleil. Voilà donc une éclipse de Lune pendant notre nuit, et une éclipse de Soleil pour la Lune pendant le jour dont elle jouissait. Ce qui fait qu'il n'arrive pas des éclipses toutes les fois que la Lune est entre le Soleil et la Terre, ou la Terre entre le Soleil et la Lune, c'est que souvent ces trois corps ne sont pas exactement rangés en ligne droite, et que, par conséquent, celui qui devrait faire l'éclipse jette son ombre un peu à côté de celui qui en devrait être couvert. »

Cette explication, ajoutai-je, est, vous le voyez, bien simple et bien satisfaisante.

— Sans doute, répliqua mon élève; j'ai une idée de cette intéressante théorie; cependant, je trouve la réponse de Fontenelle un peu trop laconique; donnez-moi donc, s'il vous plaît, plus de détails.

— Soit, répondis-je; mais alors, voyons d'abord comment derrière un corps opaque exposé aux rayons d'un corps lumineux se forment toujours une ombre et une pénombre. Supposons, par exemple, une règle opaque CD placée devant la règle lumineuse AB parallèle et plus grande; menons les droites AC, BD, puis AD, BC; le triangle CDI s'appelle l'*ombre pure*, parce que ses points ne reçoivent aucune lumière de AB; tous les

rayons partant de AB et allant vers le point M sont
arrêtés par la règle opaque. Quant à la partie de l'es-

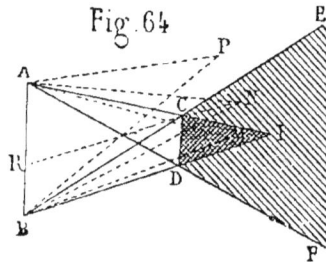

Fig. 64

pace ECDF qui n'est pas occupée par le triangle CDI,
elle porte le nom de *pénombre* (*penè umbrâ*, presque
l'ombre), parce que ses points ne reçoivent qu'une
portion de la lumière émanant de AB; ainsi le point N
n'est éclairé que par la partie AR de la règle lumi
neuse. Enfin tout point P placé en dehors de ECDF est
éclairé par toute la règle AB. Vous observerez aussi que
la pénombre, très-épaisse auprès de l'ombre pure, s'é-
claircit par degrés insensibles jusqu'à ses limites CE,
DF, où elle se confond avec la lumière; les peintres
n'oublient pas ce principe, que la lumière ne doit pas
succéder brusquement à l'ombre, mais en être séparée
par des teintes d'abord sombres et devenant graduellement de plus en plus claires.

Si maintenant, aux règles que nous venons de considérer vous substituez des sphères, vous arriverez à des
résultats tout à fait analogues; la sphère opaque T pro-

jettera derrière elle un *cône d'ombre pure* CDI et une *pénombre* ECIDF.

Eh bien, que les sphères S et T soient le Soleil et

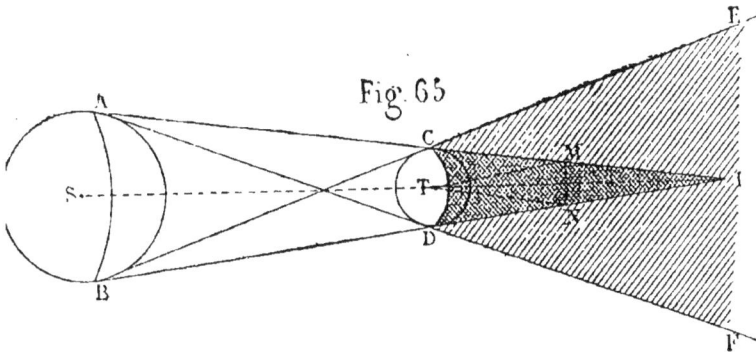

Fig. 65

la Terre ; si la Lune, en décrivant son orbite autour de nous, pénètre en tout ou en partie dans le cône d'ombre pure, elle s'éclipsera *totalement* ou *partiellement*.

Mais peut-elle y entrer complétement ou seulement l'effleurer ?

Il est clair qu'une première condition est essentielle, c'est que le cône d'ombre soit plus long que la distance qui nous sépare de notre satellite. Or, le calcul apprend que cette longueur du cône d'ombre varie entre 213 et 220 rayons terrestres, tandis que la distance de la Lune à la Terre est bien moindre ; elle a pour limites 56 et 63 rayons terrestres. Ainsi, sous ce rapport, les éclipses de Lune sont possibles ; mais peuvent-elles être totales ? notre satellite peut-il péné-

trer entièrement dans le cône d'ombre de la Terre?
Oui, car la largeur de ce cône, même à la distance la
plus grande de la Lune, à la distance de 63 rayons
terrestres, est encore plus que suffisante pour qu'elle y
soit fort à son aise ; l'arc MM' étant supposé à cette
distance de notre globe, l'angle sous lequel on le voit
de la Terre est supérieur au diamètre apparent de la
Lune; il est environ trois fois plus grand; il est de 1° 1/2,
tandis que le diamètre apparent de notre satellite n'est
que de 32′ ; ainsi il peut y avoir éclipse totale ; la durée d'une de ces éclipses est de quatre heures environ.

Il ne faudrait cependant pas croire qu'à chaque
opposition il y a une éclipse totale et même seulement
partielle.

En effet, l'orbite lunaire est inclinée sur le plan de

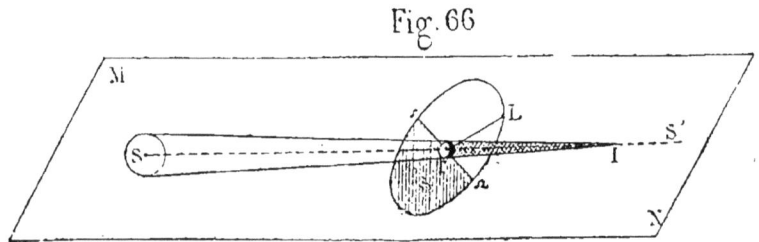

Fig. 66

l'écliptique MN d'un angle de 5° 9′ environ; par conséquent, il arrive ordinairement qu'au moment de l'opposition, lorsque les trois astres S, T, L sont dans un
même plan perpendiculaire à l'écliptique, la Lun est

au-dessus ou au-dessous de l'écliptique, et l'angle LTS′ peut aller même jusqu'à 5⁰ 9′. Cet angle peut être assez grand pour qu'à ce moment la Lune soit tangente extérieurement au cône d'ombre, et même ait une position plus élevée, puisque la demi-largeur de ce cône n'est que de 45′ environ. Vous comprenez donc que les éclipses de Lune doivent être assez rares et ne peuvent se produire que lorsque les trois corps S, T, L, au moment de l'opposition, sont sensiblement en ligne droite, ou en d'autres termes, que la Lune est voisine de l'un de ses nœuds.

Je vous ferai remarquer que, quand une éclipse est totale, le disque de la Lune n'est pas complétement noir; il est coloré d'une teinte rougeâtre, parce que l'atmosphère qui entoure la Terre réfracte les rayons solaires à la manière d'une lentille biconvexe, et les fait converger sur la Lune.

Enfin, je vous ferai aussi observer que les éclipses de Lune fournissent une preuve de la sphéricité de la Terre. En effet, quand une éclipse commence ou finit, la partie obscure du disque lunaire est séparée de celle qui est encore brillante par une ligne *circulaire*, ce qui exige que le cône soit, lui aussi, circulaire, et, par suite, soit produit par un corps de forme sphérique.

— Et les éclipses de Soleil, dit Albert; elles doivent, n'est-ce pas, s'expliquer tout aussi facilement? Je conçois que la Lune, projetant derrière elle un cône d'ombre, quand la Terre y entre, nous n'apercevons plus le Soleil.

12

— C'est à peu près cela, répondis-je ; seulement, il n'est pas exact de dire que notre globe pénètre dans le cône d'ombre de la Lune ; c'est à peine si ce dernier peut l'atteindre, et, quand cela arrive, il ne fait pour ainsi dire que le toucher par son sommet. Si, en effet, on soumet la question au calcul, on reconnaît que la longueur du cône a deux limites extrêmes, 59 et 57 rayons terrestres ; que, par conséquent, elle est tantôt plus grande et tantôt plus petite que la distance de la Lune à la *surface* de la Terre, laquelle varie entre 55 et 62 rayons terrestres ; de telle sorte que si quelquefois le cône d'ombre de la Lune peut aller jusqu'à nous, il arrive aussi souvent qu'il ne peut nous atteindre.

Puisque la partie de notre globe qui se trouve comprise dans le cône d'ombre est très-petite, lorsque l'éclipse est visible pour les habitants du lieu *m*, elle ne l'est pas pour leurs voisins ; mais, en vertu du mouvement de la Terre autour de son axe et de celui de la Lune dans son orbite (dans le sens des flèches), le point *m* cessera bientôt de voir l'éclipse (la durée maxima d'une éclipse totale de Soleil est de 5 minutes), et il sera remplacé par le lieu *m'* qui n'est pas nécessairement sur le même parallèle. L'extrémité du cône d'ombre balayera donc une certaine étendue de la surface de la Terre, en traçant sur elle une ligne que les astronomes peuvent déterminer à l'avance. Pour les points voisins de cette ligne, qui se trouvent par conséquent dans la pénombre, il y a éclipse *partielle* de un, deux, trois.... doigts, suivant que la Lune a caché $\frac{1}{12}$,

$\frac{2}{12}$, $\frac{3}{12}$.... du diamètrre du Soleil[1]. Si le cône d'ombre de la Lune n'atteignait pas la Terre, il n'y aurait pas de lieu où le Soleil fût complétement éclipsé ; mais un

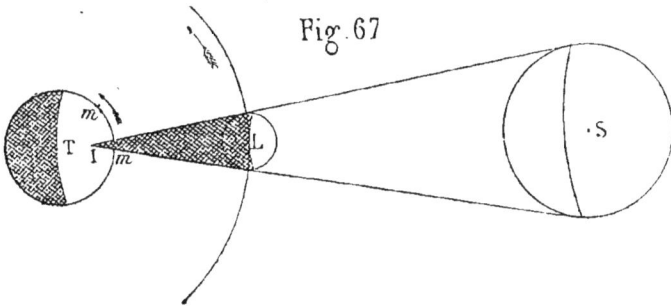

Fig. 67

point tel que m'', placé sur le prolongement de l'axe du cône, ne recevrait pas les rayons solaires émanant de la

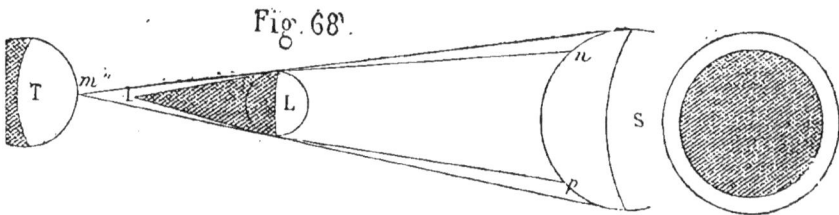

Fig. 68.

partie centrale np ; il verrait donc le Soleil sous l'aspect d'un cercle noir entouré d'un anneau ou couronne lumineuse ; l'éclipse serait *annulaire*.

1. On exprime de la même façon l'étendue d'une éclipse de Lune.

— Il n'y a probablement pas éclipse de Soleil à chaque conjonction, quand même le cône d'ombre serait assez long pour atteindre la Terre?

— Sans doute, répliquai-je ; l'éclipse ne peut avoir lieu que lorsque, au moment d'une conjonction, la Lune se trouve entre AC et BD. Or, il peut arriver que l'angle LTS soit assez grand pour que la Lune soit en L′

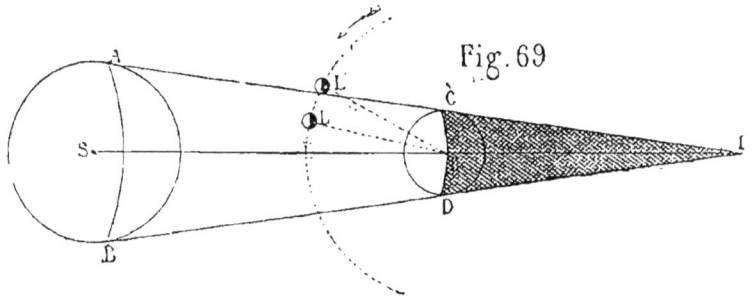

Fig. 69

tangente extérieurement au cône, ou même ait une position plus éloignée, soit au-dessus, soit au-dessous de l'écliptique ST, et par conséquent ne puisse dérober le Soleil à la Terre.

Les éclipses de Soleil, et à plus forte raison celles de Lune, ne peuvent donc se produire que lorsque notre satellite, au moment de la conjonction ou de l'opposition, est près de l'un de ses nœuds, et par suite du plan de l'orbite terrestre. C'est pour cette raison qu'on a donné à ce plan le nom d'écliptique.

Vous remarquerez que les éclipses de Soleil sont plus fréquentes que celles de Lune, puisque le cône SI est plus large entre les deux sphères S et T que depuis la Terre jusqu'au sommet I; mais, en un lieu déterminé, il y a plus d'éclipses de Lune, parce qu'elles sont visibles pour tout un hémisphère de la Terre; à Paris, par exemple, on observe trois fois plus d'éclipses de Lune que d'éclipses de Soleil.

— Je voudrais bien savoir combien il y a d'éclipses par an?

— Leur nombre, répondis-je, est variable; mais on peut dire qu'il n'y en a jamais, pour toute la Terre, plus de sept, ni moins de deux; dans ce dernier cas, ce sont deux éclipses de Soleil; en moyenne, il y en a quatre. J'ajouterai qu'en un lieu déterminé, on ne voit ordinairement qu'une éclipse de Soleil par an, et seulement une éclipse totale par siècle.

Les Chaldéens avaient découvert qu'une période de dix-huit ans onze jours, qu'ils appelaient Saros, contient soixante-quinze éclipses, quarante-six de Soleil et vingt-neuf de Lune[1]. Cette période chaldaïque était

---

1. Et non 70 éclipses, 41 de Soleil et 29 de Lune. M. Biot, dans la séance du 11 avril 1848 (Académie des sciences), fit remarquer que ces nombres, que l'on trouve dans tous les cours d'astronomie, sont inexacts. D'après ce savant, c'est Halley qui le premier pensa à faire revivre la période chaldaïque; il fit donc le tableau des éclipses que présentèrent les 6585 premiers jours du dix-huitième siècle, et il trouva 75 éclipses, dont 46 de Soleil et 29 de Lune; il les consigna dans deux pages consécutives de son *Traité d'astronomie*; seulement il ne put mettre dans la première page que 41 éclipses de Soleil et dans la seconde les 29 éclipses de Lune; les cinq autres éclipses de Soleil furent rejetées dans une note qui sans doute a échappé au premier auteur qui y a emprunté ce résultat, et *tous*

sans doute connue de Thalès de Milet (600 ans av.
J. C.), qui, avant de fonder la célèbre école Ionienne,
était allé en Égypte puiser auprès de ses prêtres les
vastes connaissances scientifiques dont ils étaient alors
les seuls dépositaires. Hérodote raconte, en effet, que
non-seulement ce philosophe avait découvert la cause
des éclipses, mais qu'il avait même pu en prédire une.

Vous parlerai-je maintenant des terreurs que les
éclipses, surtout celles de Soleil, ont de tout temps
inspirées aux hommes? L'histoire des peuples anciens
est toute pleine des récits de ces paniques et de leur
influence sur de grands événements politiques. Périclès (431 av. J. C.) partait pour le Péloponèse, lorsqu'une éclipse vint jeter l'effroi parmi ses troupes ;
mais on raconte qu'il rendit le courage à sa flotte et au
pilote qui le conduisait; avec son manteau il se cou-
vrit le visage et dit à cet homme : « Crois-tu que ce
que je fais soit un signe de malheur? — Non. — Eh
bien, c'est une éclipse pour toi, et elle ne diffère de
celle que tu as vue qu'en ce que, la Lune étant plus
grande que mon manteau, elle a pu cacher le Soleil à
un plus grand nombre de personnes. » Alexandre,
avant la bataille d'Arbèles (356 av. J. C.), eut bien de
la peine à rassurer son armée effrayée par une éclipse
de Lune. — D'autres, au contraire, surent profiter de

les traités ont ensuite reproduit cette singulière erreur. (Compte
rendu de la séance, *Journal général de l'Instruction publique*,
numéro du 19 avril 1848.)

la frayeur que ce phénomène ne manque jamais de produire sur les masses ignorantes : c'est ainsi que Sulpicius Gallus, lieutenant de Paul-Émile, dans la guerre contre Persée, parvint à apaiser une sédition dans son armée en prédisant une éclipse de Lune, et que Christophe Colomb obtint des vivres des sauvages de la Jamaïque en les menaçant de les priver de la lumière de la Lune.

De nos jours le phénomène des éclipses n'a plus rien d'extraordinaire ; on n'a pas recours, pour l'expliquer, à l'intervention d'un énorme dragon[1] qui dévo-

---

1. « Il y a bien des peuples, dit Fontenelle, qui, de la manière dont ils s'y prennent, ne devineront encore de longtemps la cause des éclipses. Dans toutes les Indes orientales on croit que quand le Soleil et la Lune s'éclipsent, c'est qu'un certain dragon, qui a les griffes fort noires, les étend sur ces astres dont il veut se saisir ; et vous voyez pendant ce temps-là les rivières couvertes de têtes d'Indiens qui se sont mis dans l'eau jusqu'au cou, parce que c'est une situation très-dévote selon eux, et très-propre à obtenir du Soleil et de la Lune qu'ils se défendent bien contre le dragon. En Amérique, on était persuadé que le Soleil et la Lune étaient fâchés quand ils s'éclipsaient, et Dieu sait ce qu'on ne faisait pas pour se raccommoder avec eux. Mais les Grecs, qui étaient si raffinés, n'ont-ils pas cru longtemps que la Lune était ensorcelée, et que des magiciens la faisaient descendre du ciel pour jeter sur les herbes une certaine écume malfaisante ? Et nous, n'eûmes-nous pas belle peur, il n'y a que trente-deux ans (en 1654), à une certaine éclipse de Soleil, qui à la vérité fut totale ? Une infinité de gens ne se tinrent-ils pas enfermés dans des caves ? et les philosophes qui écrivirent pour nous rassurer n'écrivirent-ils pas en vain ou à peu près ? Ceux qui s'étaient réfugiés dans les caves en sortirent-ils ?

— En vérité, reprit la marquise, tout cela est trop honteux pour les hommes ; il devrait y avoir un arrêt du genre humain qui dérerait infailliblement le Soleil ou la Lune, si on ne l'effrayait par un étourdissant charivari, comme le font encore les Indiens et les Arabes. Eh bien, ceux qui connaissent parfaitement sa cause, qui comprennent la nécessité de ses retours, et qui n'en tirent, au contraire, qu'une preuve de plus de la stabilité du système solaire, de l'harmonie sublime à laquelle sont soumis les corps qui le composent, ceux-là même, dis-je, ne peuvent vaincre un certain sentiment d'effroi.

Dans une éclipse totale de Soleil, les ténèbres succèdent peu à peu à la lumière, les oiseaux cessent leurs ramages et disparaissent aussitôt, le thermomètre baisse, on ressent de la fraîcheur, la rosée se dépose sur la Terre; le disque du Soleil est bientôt complétement noirci, les ombres de la nuit s'étendent sur l'horizon, les étoiles brillent au firmament; mais voilà que quelques rayons de lumière apparaissent subitement, le jour revient peu à peu, la nature semble se réveiller, et la terreur fait place à un sentiment de joie et de reconnaissance envers le Créateur. A ce propos je veux vous lire une anecdote qu'Arago avait trouvée dans le numéro du 9 juillet 1842 du *Journal des Basses-Alpes :* « Un pauvre enfant de la commune des Sièyes gardait

---

fendit qu'on parlât jamais d'éclipse, de peur que l'on ne conserve la mémoire des sottises qui ont été faites ou dites sur ce chapitre-là.

— Il faudrait donc, répliquai-je, que le même arrêt abolît la mémoire de toutes choses, et défendît qu'on parlât jamais de rien, car je ne sache rien au monde qui ne soit le monument de quelque sottise des hommes. »

son troupeau. Ignorant complétement l'événement qui se préparait, il vit avec inquiétude le Soleil s'obscurcir par degrés, car aucun nuage, aucune vapeur ne lui donnait l'explication de ce phénomène. Lorsque la lumière disparut tout à coup, le pauvre enfant, au comble de la frayeur, se prit à pleurer et à appeler *au secours!...* Ses larmes coulaient encore lorsque le Soleil donna son premier rayon. Rassuré à cet aspect, l'enfant croisa les mains en s'écriant : ô beou souleou! (ô beau Soleil!) »

En terminant cet entretien, je vous rappellerai que pendant les éclipses totales apparaissent autour du Soleil des *protubérances roses* de formes très-variées, dont je vous ai donné précédemment l'explication. Enfin je vous dirai aussi que les éclipses totales présentent un très-beau phénomène : le disque lunaire paraît entouré d'une magnifique auréole lumineuse, en forme de *gloire;* on attribue cette auréole à la diffraction des rayons solaires qui rasent le contour de la Lune.

QUINZIÈME SOIRÉE

Les planètes. — Loi de Bode. — Lois de Képler.
Gravitation universelle.

— C'est ce soir que nous commençons l'étude des
planètes, dit Albert, en manière d'exorde.

— Ce soir, répondis-je; mais il y a longtemps que
nous en parlons, du moins de l'une d'elles; la Terre
n'est-elle pas une planète?

— Sans doute; mais les anciens, qui supposaient
notre globe immobile, ne pouvaient l'appeler une planète, puisque ce mot signifie *astre errant.*

— Aussi, ajoutai-je, s'en sont-ils bien gardés; mais
s'ils négligeaient de mettre la Terre au nombre des
planètes, ils ne manquaient pas d'en allonger la liste
en comprenant à tort parmi elles le Soleil et la Lune;
car, pour eux, tout astre qui a sur la sphère céleste un
mouvement propre au travers des étoiles était une pla-

lète. Nous, nous appelons planètes tous les corps qui gravitent autour du Soleil et satellites ceux qui accompagnent les planètes en circulant autour d'elles; la Lune en particulier est un et le seul satellite de la Terre.

Si vous voulez les noms des planètes rangées par ordre de distances au Soleil, en commençant par la plus rapprochée, ce sont :

Mercure, Vénus, la Terre, Mars, l'essaim des petites planètes, Jupiter, Saturne, Uranus, Neptune[1] ou Le Verrier. Les anciens ne connaissaient ni Uranus, découverte par sir W. Herschell en 1781, ni Neptune, que M. Le Verrier a trouvée par le calcul en 1846, ni les petites planètes dont le nombre s'accroît tous les jours, et dont la première, Cérès, fut découverte par Piazzi, le premier jour du dix-neuvième siècle, le 1er janvier 1801.

Si maintenant vous voulez obtenir les distances des planètes au Soleil, voici un moyen très-simple dû à

---

1.   Ainsi se forment les orbites
          Que tracent ces globes connus ;
          Ainsi dans des bornes prescrites
          Volent et Mercure et Vénus.
          La Terre suit ; Mars, moins rapide,
          D'un air sombre s'avance et guide
          Les pas tardifs de Jupiter;
          Et son père, le vieux Saturne,
          Roule à peine son char nocturne
          Sur les bords glacés de l'Éther.
    (MALFILATRE, *le Soleil fixe au milieu des planètes*, ode.)

Titius et faussement attribué à Bode, astronome de
Berlin. Écrivez la suite des nombres :

0	3	6	12	24	48	96	192	384

ajoutez-leur 4 :

4	7	10	16	28	52	100	196	388

enfin, prenez-en le dixième :

0,4	0,7	1	1,6	2,8	5,2	10	19,6	38,8

et vous aurez sensiblement les distances au Soleil de
Mercure, Vénus, la Terre, Mars, les petites planètes,
Jupiter, Saturne, Uranus, Neptune, celle de la Terre
étant prise pour unité. Le dernier nombre est cependant très-erroné, car la distance de Neptune n'est que
trente fois celle de la Terre.

— Et comment les planètes se meuvent-elles autour
du Soleil? Je sais bien que la Terre décrit autour de
lui, dans un plan qu'on nomme l'écliptique, une ellipse
peu excentrique, presque circulaire, dont il est l'un
des foyers; mais les autres vont-elles de la même
manière?

— Absolument, répondis-je; seulement, vous n'avez
ainsi énoncé qu'une des lois qui régissent les mouvements des planètes et qui sont dues au célèbre Képler
en 1618. Elles sont au nombre de trois :

1° Chaque planète se meut autour du Soleil dans une
orbite plane où le rayon vecteur décrit des aires égales
en temps égaux;

2° Les courbes décrites par les planètes sont des ellipses dont le Soleil occupe un des foyers;

3° Les carrés des temps employés par les planètes à achever leurs révolutions autour du Soleil sont proportionnels aux cubes des demi-grands axes (leurs moyennes distances au Soleil) de leurs orbites.

Pour bien comprendre la première loi, il faut vous rappeler qu'un rayon vecteur d'une ellipse est une droite allant de l'un des foyers à un point de la courbe. Eh bien, la planète parcourt-elle pendant un certain temps l'arc PP', puis plus tard, pendant un temps égal,

Fig. 70

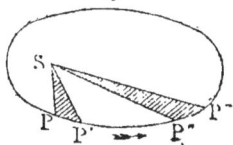

l'arc P″P‴, ces arcs ne sont pas égaux, mais la surface, l'*aire*, comprise entre les rayons vecteurs SP, SP', est égale à celle qui est limitée par les rayons SP″, SP‴. La seconde loi n'a pas besoin d'explication. Quant à la troisième, un exemple vous en fera parfaitement saisir le sens : Mars accomplit sa révolution en 687 jours, et la Terre en 365 jours; la distance de Mars au Soleil est 152, celle de la Terre étant représentée par 100 faites alors les carrés de 687 et 365, vous trouverez $687 \times 687 = 471\,969$ et $365 \times 365 = 133\,225$, dont le

13

quotient, le rapport, est 3,5 ; faites maintenant les cubes de 152 et 100, vous aurez $152 \times 152 \times 152 = 3\,511\,808$ et $100 \times 100 \times 100 = 1\,000\,000$, dont le rapport est aussi 3,5.

Telles sont les trois lois auxquelles est arrivé Képler ; elles lui ont demandé trente années de laborieux travaux, mais elles ont assuré l'immortalité de son nom. Il faut entendre cet illustre savant annonçant au monde, dans un langage enthousiaste et prophétique, cette sublime découverte dont il pressentait les magnifiques conséquences : « Depuis huit mois, j'ai vu le premier rayon de lumière ; depuis trois mois, j'ai vu le jour ; enfin depuis peu de jours, j'ai vu le Soleil de la plus admirable contemplation. Rien ne me retient ; je me livre à la sainte fureur qui m'inspire ; je veux insulter aux mortels par l'aveu ingénu que j'ai dérobé les vases d'or des Égyptiens pour en construire à mon Dieu un tabernacle loin des confins de l'Égypte. Si vous me pardonnez, je m'en réjouirai ; si vous m'en faites un reproche, je le supporterai. Le sort en est jeté : j'écris mon livre ; il sera lu par l'âge présent ou par la postérité, peu importe ; il pourra attendre un siècle son lecteur ; Dieu n'a-t-il pas attendu six mille ans un contemplateur de ses œuvres ! »

Un demi-siècle après la publication de cet ouvrage (*Harmonia mundi*), Newton, en 1670, proclamait le grand principe de la gravitation universelle. Galilée avait démontré les lois de la chute des corps, Huyghens celles du mouvement, Descartes et Fermat avaient donné une grande extension aux mathématiques : le moment était venu de mettre à profit toutes ces richesses et de compléter les travaux de Képler, de les synthétiser en trouvant la cause physique des mouvements planétaires ; mais il fallait un génie. Ce génie fut Newton.

Je vais vous montrer par quelles déductions puissantes il s'est élevé à la conception des lois de l'attraction universelle, mais cette exposition doit être précédée de quelques considérations sur la pesanteur dont je vous ai déjà un peu parlé dans notre neuvième entretien.

La matière attire la matière. Pourquoi ? Nous n'en savons rien : c'est une propriété que Dieu a imposée à la matière et qui est indiscutable. Cavendish a prouvé expérimentalement qu'une balle de plomb en attire une plus petite ; Maskeline a fait voir qu'un pendule, un fil à plomb, placé au pied d'une montagne, s'écarte de la verticale et s'incline du côté de cette grande masse. C'est pour cela que les corps abandonnés à eux-mêmes tombent ; la *pesanteur* les attire vers le centre de la Terre ; nous aussi, nous sommes attachés au sol, et il nous faut faire un certain effort pour nous en séparer, et notez que nos antipodes n'ont pas plus de peine à se tenir debout que nous. Il est bien vrai que la force centrifuge tend au contraire à nous détacher de la Terre, mais, heureusement pour nous, elle est beaucoup moins forte que la pesanteur ; il faudrait que notre globe tournât 17 fois plus vite pour que ces deux forces se fissent équilibre à l'équateur, et plus vite encore pour que cet équilibre ait lieu à Paris ; qu'arriverait-il alors ? Au moindre mouvement nous filerions dans l'espace. En effet la matière (et chez nous la matière emporte l'esprit, soit dit sans malice), la matière, dis-je, est *inerte*, ce qui signifie qu'elle ne peut d'elle-même se mettre en mouvement lorsqu'elle est au repos, s'arrêter lorsqu'elle est en mouvement et modifier en quoi que ce soit le mouvement qu'elle possède. Si nous faisons ordinairement obéir notre corps, c'est que notre esprit lui commande. Une bille, au contraire, n'a pas d'esprit; aussi, une fois lancée dans le vide, si elle est complétement libre, elle marche indéfiniment dans le même sens et en ligne droite. Supposez donc que nous ne soyons plus retenus à la surface de la Terre par la pesanteur, dégagés de nos liens, nous obéirions aveuglément à la plus petite impulsion, et Dieu sait où nous irions !

— Je suis fâché de vous interrompre, dit Albert, mais on observe à chaque instant qu'une bille roulant sur le parquet va de moins en moins vite et finit par s'arrêter.

— La contradiction avec le principe de l'inertie n'est ici qu'apparente, répliquai-je. Si le parquet était ciré, vous verriez le mouvement persister plus longtemps, et sur une glace polie et horizontale, la bille parviendrait à une très-grande distance. Quant à la cause du ralentissement, elle est facile à deviner : c'est le frottement, ce sont les chocs que la bille éprouve de la part des aspérités du sol. Dans le vide, je le répète, elle roulerait indéfiniment dans le même sens, en ligne droite et d'un mouvement uniforme, c'est-à-dire en parcourant des espaces égaux dans des temps égaux. Voulez-vous d'autres exemples qui confirment la loi de l'inertie? Un cheval s'arrête-t-il brusquement? Si son cavalier est inexpérimenté, il est projeté dans l'espace et cela se comprend; pendant le mouvement, le cavalier et le cheval ne font qu'un, ils sont animés d'un mouvement commun, ils ont la même vitesse : qu'alors le cheval s'arrête, le cavalier, en vertu de l'inertie, conserve sa vitesse et est lancé dans l'espace.

Qu'une personne saute d'une voiture en mouvement, elle a, au moment où elle s'élance, la vitesse de la voiture, mais quand ses pieds touchent le sol, ils participent à son immobilité; aussi la partie supérieure du corps est-elle violemment précipitée à terre. Cependant le conducteur de diligence saute impunément pendant qu'elle est en marche; mais observez-le : il tombe sur le bout des pieds, de plus, il tient à la main une courroie attachée à la voiture, enfin il court un instant dans le sens du mouvement; il divise ainsi le choc et ne cesse pas brusquement de faire partie du système.

Ce qui met ou tend à mettre en mouvement un corps en repos, ce qui l'arrête lorsqu'il se meut, ou seulement modifie la nature de ce mouvement, est une *force*. Ainsi, je tire à moi cette pierre, je développe une force; j'essaye, mais en vain, de renverser ce mur, j'exerce contre lui une force, force impuissante qui ne produit aucun effet, aucun travail, mais qui peut cependant être considérable. J'arrête quelqu'un qui court, ou, en le retenant par ses habits, je l'empêche d'aller aussi vite, je dépense une force.

Souvent les forces agissent *directement ou par des intermédiaires visibles* sur les corps qu'elles déplacent. Ainsi une chute d'eau imprime le mouvement à une roue, elle lui communique une certaine force vive qui est ensuite transmise à un opérateur convenablement disposé pour produire le travail qu'on a en vue d'obtenir. De même la vapeur agit sur le piston d'un corps de pompe, tantôt d'un côté, tantôt de l'autre, et lui donne un mouvement de va-et-vient que l'on transforme et utilise d'une infinité de manières.

Mais il y a aussi des forces qui agissent à distance sans liens visibles. Telles sont, par exemple, les forces électriques et magnétiques. Qu'on frotte un bâton de verre avec du drap, et il attire à distance des corps légers, des barbes de plume. De même un aimant agit sur la limaille de fer à travers une feuille de carton. Telles sont aussi les forces dont j'ai à vous parler, les pesanteurs terrestre et universelle.

Je viens de vous dire que la pesanteur est la force qui attire les corps vers le centre de la Terre. Voici une pierre attachée à l'extrémité d'un fil; ce fil est tendu dans une direction qu'on appelle verticale, laquelle étant prolongée irait sensiblement passer par le centre de la Terre et y passerait même rigoureusement si notre globe était tout à fait sphérique. Si on coupait le cordon, le corps tomberait en suivant la direction de la verticale;

il est donc sollicité par une force émanant du centre de
notre globe.

Pour les corps placés au-dessus de la surface terrestre, l'attraction est due à *toute* la masse de la Terre,
réunie, condensée en son centre ; alors notre globe peut
se réduire à un simple point, son centre, sa masse entière y étant agglomérée. Mais si, au contraire, nous
considérons un corps situé dans l'intérieur de la Terre,
dans un puits BB' qui la traverserait diamétralement,
ce corps étant en A ne subit pas d'attraction de la part

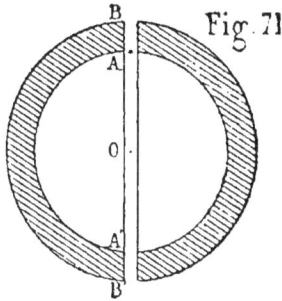

Fig. 71

de toute la partie de la Terre qui est en dehors de la
surface sphérique concentrique qui passe par ce point,
il n'est attiré que par toute la masse intérieure AA', réunie au centre O. Supposez alors que ce corps tombe de
l'orifice du puits B, au fur et à mesure qu'il descend, il
est soumis à une attraction de plus en plus faible ; lorsqu'il arrive en O, l'attraction est nulle ; mais comme
pendant toute sa chute il a acquis une grande vitesse,
il dépasse le point O et descend jusqu'aux antipodes,

en B', à trois mille lieues de B. Dans cette seconde partie de sa chute il perd successivement toute la vitesse qu'il avait gagnée jusqu'en O, et il se trouve en B' dans les mêmes conditions qu'à son départ en B ; il va donc remonter en B, puis il redescendra en B', et il oscillera ainsi indéfiniment jusqu'à la fin des siècles.

Mais revenons à la surface de la Terre. A des distances de cette surface et par suite du centre, peu différentes, la pesanteur conserve sensiblement la même intensité. Les plus hautes montagnes atteignent au plus sept ou huit mille mètres, et par conséquent leur hauteur n'est guère que la 740me partie du rayon terrestre. Eh bien, un corps abandonné à lui-même à cette hauteur tomberait de 4^m,88 dans la première seconde, tandis que sa chute à Paris est de 4^m,9 ; ainsi la diminution de la pesanteur, quoique bien constatée, est très-faible et difficile à apprécier.

— Est-ce que la pesanteur agit de la même manière sur les corps soit pendant leur chute, soit pendant leur ascension verticale, soit enfin lorsqu'ils sont lancés obliquement ou horizontalement ?

— Oui, répondis-je. Ainsi, quand une pierre est lancée verticalement de bas en haut, l'attraction terrestre agissant en sens inverse du mouvement diminue de plus en plus la vitesse du projectile. Cette vitesse finit par devenir nulle ; alors le mobile redescend et regagne successivement sa vitesse perdue, de telle façon qu'à des hauteurs égales la vitesse est absolument la même, soit pendant la montée, soit pendant la descente. Aussi,

lorsque le corps revient au point de départ, au point le
plus bas, il possède la vitesse initiale ; qu'on tire un coup
de fusil verticalement au-dessus de soi, et on recevra la
balle à son retour dans la tête, comme si on se tirait le
coup à bout portant ; je suppose ici, bien entendu, qu'on
ne tient aucun compte de la résistance de l'air ; vous
concevez, en effet, que le frottement de la balle contre
l'air doit diminuer sa vitesse et modifier un peu les résultats que je viens de vous présenter. Supposez maintenant un corps lancé obliquement ou horizontalement,
l'action de la pesanteur est encore la même. Un boulet
de canon part dans une direction inclinée à l'horizon,
au bout d'un certain temps, une seconde, par exemple,

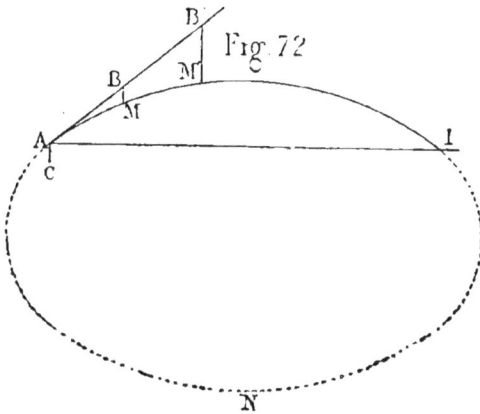

Fig. 72

il serait en B, il aurait parcouru AB dans le sens de la
vitesse initiale s'il n'eût obéi qu'au mouvement dû à la
force d'explosion de la poudre au moment où il est sorti
de la gueule du canon ; mais pendant ce temps, une

13.

seconde, s'il eût tombé librement dans un puits AC, il
aurait parcouru 4ᵐ,9 ou 5 mètres en nombre rond ; alors,
au bout d'une seconde, il ne sera ni en B ni en C, mais
en M, BM étant parallèle et égale à AC. En effet, d'a-
près le principe de l'indépendance des mouvements si-
multanés, il faut le faire obéir successivement aux deux
mouvements qui l'animent ; or, le premier le conduit
en B et le second en M ; telle est donc sa position à la
fin de la première seconde. A la fin de la seconde suivante, le premier mouvement l'a conduit en B′, AB′
étant double de AB, et le second l'a amené en M′, B′M′
étant égale à quatre fois AC, parce que dans la chute libre d'un corps, le chemin parcouru dans les deux premières secondes est quatre fois plus grand que celui
qui est décrit dans la première, celui qui est parcouru
dans les trois premières secondes est neuf fois plus grand,
et ainsi de suite, le chemin croissant proportionnelle-
ment au carré du temps. Le projectile, vous le voyez, se
meut sur un courbe AMM′... I que les mathématiciens
appellent un arc d'ellipse ou sensiblement de parabole.
Il est à remarquer que la vitesse du mobile va en diminuant du point de départ au point culminant le plus
élevé, puis elle va en augmentant et repasse par les mêmes valeurs aux mêmes hauteurs ; enfin, en I, elle est
la même qu'au départ en A ; le boulet frappe le sol, et
sans cet obstacle, si la Terre se réduisait à son centre
et que toute sa masse y fût condensée, il continuerait à
circuler autour de ce point et reviendrait en A, en
décrivant une ellipse entière.

—Et quand les corps sont au repos, à terre ou sur une table, par exemple, ils sont toujours soumis à la pesanteur, n'est-ce pas?

— Sans doute, et ils exercent alors une pression sur les obstacles qui s'opposent à leur chute ; cette pierre ne peut tomber, elle est retenue par ce banc, elle fait effort contre lui, elle le presse de tout son *poids*. Le poids d'un corps est donc la pression que ce corps exerce contre l'obstacle qui l'empêche de tomber, il dépend évidemment de la quantité de matière de ce corps, c'est-à-dire de sa masse, il lui est proportionnel. Si la masse d'un corps est double, triple, quadruple... de celle d'un autre, les actions de la pesanteur sur les molécules du premier sont deux, trois, quatre... fois plus nombreuses que sur le second ; le poids est deux, trois, quatre ... fois plus grand ; en d'autres termes l'attraction terrestre est proportionnelle à la masse.

Est-ce à dire cependant que les deux corps tombent sur la terre avec des vitesses différentes, que celui qui a deux, trois, quatre ... fois plus de masse, tombe deux, trois, quatre ... fois plus vite? Non certes ; ils tombent tous les deux avec la même vitesse ; une balle de plomb et une barbe de plume dans le vide tombent avec la même rapidité et parcourent l'une et l'autre $4^m,9$ dans la première seconde, quatre fois plus ou $19^m,6$ dans les deux premières, neuf fois plus ou $44^m,1$ dans les trois premières.... Ces corps ont cependant des poids fort différents, la force qui agit sur la balle de plomb est bien plus grande que celle qui entraîne la barbe de

plume ; mais observez que la première force tire à sa
suite une masse plus considérable. Qu'on attelle à deux
voitures d'égale résistance deux chevaux d'inégale force,
elles prendront évidemment des vitesses différentes ;
mais que l'un de ces véhicules soit un lourd camion et
l'autre un léger phaéton, et que le cheval qui tire le premier soit plus vigoureux que celui qui emporte le second, ne comprenez-vous pas qu'ils peuvent avoir des
vitesses égales ? Eh bien, la balle de plomb est-elle cent
fois plus lourde que la barbe de plume, elle est solli-
citée par une force cent fois plus grande, mais ne tombe
pas plus vite, parce que sa masse est aussi cent fois
plus grande.

Je vous répète que l'expérience doit être faite dans
le vide ; dans l'air les corps légers subissent une résistance qui les empêche de tomber aussi vite.

Résumons : l'attraction terrestre émane du centre de
notre globe ; elle agit sur tous les corps, qu'ils soient
à sa surface ou dans son intérieur, qu'ils soient en repos ou en mouvement, et que ce dernier soit vertical, ou
oblique, ou horizontal ; en outre elle subit une faible
diminution, quand la distance du corps au centre de la
Terre augmente d'une quantité, il est vrai, assez petite
relativement au rayon terrestre ; enfin elle est proportionnelle à la masse du corps qui tombe.

Maintenant, cette force ne s'étend-elle pas au delà
de notre globe ? Ne serait-ce pas elle qui retient la Lune
dans l'orbite qu'elle décrit autour de nous ? Les planètes
elles-mêmes qui circulent autour du Soleil ne seraient-

elles pas soumises à une attraction de même nature émanant du centre de cet astre ? Telles étaient les questions qui, en 1666, faisaient l'objet des méditations de Newton.

Ce profond mathématicien, dont l'Angleterre s'enorgueillit à si juste titre, n'avait alors que 24 ans ; il était né à Woolstrop, en 1642, l'année même de la mort de Galilée. A cette époque il était professeur à l'université de Cambridge, mais pour fuir la peste qui ravageait cette ville, il s'était retiré à la campagne. On raconte que la chute d'une pomme lui donna l'idée de s'occuper de cette capitale question. Frappé de ce que la pesanteur ne diminue pas sensiblement, lorsqu'on s'élève au sommet des plus hautes montagnes, il se demanda si cette force n'agissait pas sur la Lune, et si ce n'était pas elle qui, en se combinant avec un mouvement initial de projection, la faisait tourner autour de la Terre. Et notez que cette hypothèse n'avait rien de téméraire ; supposez en effet qu'un boulet de canon parte horizon-

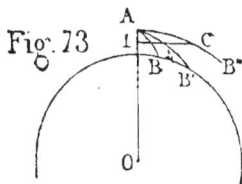

Fig. 73

talement du point A qui est un peu au-dessus de la surface terrestre ; vous savez qu'il décrit un arc de parabole AB; sa vitesse initiale est-elle plus grande, il parcourt un autre arc de parabole AB' et tombe plus loin en B'; on conçoit donc que si la vitesse au départ était suffisamment grande, il pourrait ne plus tomber à terre et parcourir la circonférence concentrique ACB''; il deviendrait ainsi un nouveau satellite de notre globe.

— Cette vitesse serait énorme, n'est-ce pas?

— Point, répondis-je; elle n'est du reste pas difficile à calculer; il suffirait de déterminer l'arc AC tel que si on abaissait du point C une perpendiculaire sur AO, AI fût égal à 4^m,9, c'est-à-dire à la hauteur dont un corps tombe en une seconde à la surface de la Terre. Or, on trouve facilement que le chemin AC parcouru par le boulet en une seconde sur sa trajectoire, c'est-à-dire sa vitesse, serait de 7 900 mètres ou 2 lieues environ; et comme la vitesse d'un boulet de canon, au moment où il sort de la pièce, peut être de 500 mètres ou $\frac{1}{8}$ de lieue, on voit qu'il suffirait d'obtenir une vitesse de projection seize fois plus grande pour que le projectile continuât à circuler indéfiniment autour de nous. Le calcul apprend aussi que le temps de sa révolution autour de la Terre serait de 1 heure 23 minutes.

Qu'on considère maintenant le projectile Lune, qui est à une distance du centre de la Terre égale à 60 fois son rayon, et qu'on répète les mêmes calculs dans l'hypothèse où la pesanteur n'éprouverait à cette distance aucune diminution, et où par conséquent notre satellite tomberait sur la Terre en 1 seconde de 4^m,9 absolument

omme une pierre à la surface de la Terre, on trouvera
ue sa vitesse est de 60 kilomètres et qu'elle doit décrire
on orbite en 10 heures 45 minutes. Or, ce résultat est
ien loin de la vérité, puisque la Lune tourne autour
e la Terre en 27 jours $\frac{1}{3}$. Il est donc prouvé que si
'est la pesanteur qui produit le mouvement de notre
atellite, son intensité a dû éprouver une grande dimi-
ution due à la distance.

Newton pensa alors que si la Lune est retenue sur
on orbite par la pesanteur terrestre, de même les pla-
ètes doivent être maintenues sur leurs orbes respec-
ifs par leur pesanteur vers le Soleil. Or, Képler avait
tabli les trois magnifiques lois qui régissent les mou-
ements des corps de notre système planétaire.

De la première de ces lois : *Chaque planète se meut
utour du Soleil dans une orbite plane où le rayon
ecteur décrit des aires égales en temps égaux*, Newton
éduisit, par un calcul transcendant, que les planètes
ont soumises à une force émanant du Soleil.

Vous comprendrez alors facilement comment elles
irculent autour de lui. Soit S le Soleil et T la position
[u'occupait une planète, la Terre, par exemple, au mo-
nent où le Créateur lui a donné une impulsion[1] dans

---

1. Lorsque du Créateur la parole féconde,
   Dans une heure fatale, eut enfanté le monde
           Des germes du chaos,
   De son œuvre imparfaite il détourna la face,
   Et d'un pied dédaigneux le lançant dans l'espace,
           Rentra dans son repos.
                                   DE LAMARTINE.

la direction TM ; pendant l'instant suivant, elle a parcouru une portion excessivement petite de TM, puis, ar-

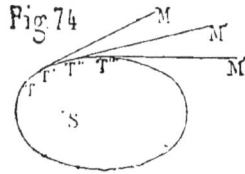

Fig. 74

rivée en T', elle a changé très-peu de direction en tombant sur le Soleil ; en T″ elle a pris une nouvelle direction T″M″... ainsi de suite. Elle a donc ainsi décrit et
elle continue à décrire une ligne brisée TT'T″... dont
les éléments sont infiniment petits et qui, par conséquent, est une courbe ; c'est une ellipse dont le Soleil est
l'un des foyers.

La deuxième loi de Képler est ainsi conçue : *Les
courbes décrites par les planètes sont des ellipses dont
le Soleil occupe un des foyers.* De cette loi Newton tira
par le calcul cette conséquence remarquable que la force
qui émane du Soleil et qui retient les planètes dans
leurs orbites respectives n'est pas constante, comme
nous le supposions tout à l'heure, qu'elle est d'autant
plus petite que la planète est plus éloignée, enfin, pour
tout dire, qu'*elle varie en raison inverse du carré de
la distance.* Il supposa donc la même loi de diminution
à la pesanteur d'un corps au fur et à mesure qu'il s'é-
loigne de la Terre et calcula la vitesse de la Lune, en

supposant qu'elle ne tombe sur la Terre pendant une seconde que de la 3600me partie de 4^m,9, puisqu'elle est à une distance du centre de notre globe égale à 60 fois le rayon terrestre et que 60 $\times$ 60 donne 3 600. Malheureusement, ce calcul exige la connaissance du rayon de la Terre, et, à cette époque, on ne possédait qu'une valeur erronée de cet élément ; on croyait, en effet, que le degré du méridien était de 60 milles anglais, tandis qu'il en contient 69 (le mille anglais est de 1609 mètres) ; aussi l'observation ne répondit pas aux résultats qu'il avait obtenus ; il pensa que des forces inconnues concouraient avec la pesanteur pour maintenir la Lune dans son orbite, et il abandonna ses idées. Mais quatre ans après, en 1670, Picard ayant mesuré un degré du méridien en France et ayant obtenu une valeur très-rapprochée du rayon terrestre, Newton reprit le problème et eut le bonheur de voir ses calculs s'accorder parfaitement avec les résultats de l'observation. A la réception de la valeur du rayon terrestre, déterminé par Picard, le grand géomètre anglais fut, dit-on, tellement ému qu'il fut obligé de prier un de ses amis d'achever le facile calcul qui vérifiait la loi.

Voyons maintenant les conséquences qu'il déduisit de la troisième loi de Képler. Cette loi consiste en ceci : *Les carrés des temps employés par les planètes à achever leurs révolutions autour du Soleil sont proportionnels aux cubes des grands axes de leurs orbites.* Il démontra qu'elle conduit à ce résultat, que si deux masses *égales ou inégales* sont situées à la même distance du Soleil, elles tombent sur lui avec la même vitesse, absolument comme cela a lieu sur la Terre, où nous avons vu une balle de plomb et une barbe de plume tomber avec la même rapidité. Or, si deux corps de poids inégaux se précipitent avec la même vitesse sur le Soleil, c'est évidemment que celui qui a le plus de masse est sollicité par une plus grande force ; l'un de ces corps a-t-il une masse double, triple... de celle de l'autre, le Soleil exerce sur lui une attraction double, triple... Ainsi de même que la pesanteur terrestre, la pesanteur solaire et plus généralement l'attraction universelle est *proportionnelle à la masse*.

Enfin cette attraction universelle est réciproque ; si deux corps A et B sont en présence, ils s'attirent mutuellement avec la même énergie : ainsi le Soleil attire la Terre et réciproquement la Terre attire le Soleil avec la même force. Si cependant on vous objectait que notre globe tombe sur le Soleil, tandis que ce dernier paraît immobile, vous répondriez que, ces deux corps étant soumis à la même force, la Terre doit marcher vers le Soleil 354 000 fois plus vite, puisque sa masse est 354 000 fois moindre. Et d'ailleurs cette réciprocité entre les actions des deux corps s'établit facilement par le raisonnement. En effet, supposez que le corps A contienne 10 molécules, par exemple, et le corps B 7 de même masse ; une molécule de A exercera une certaine attraction sur chacune des molécules de B, et par conséquent sur tout le corps B une attraction représentée par 7 ; l'attraction totale de A sur B sera alors 10 fois

lus forte, ou proportionnelle au produit 7×10 ou 70.
h bien, cherchez de même l'attraction de B sur A, et
ous verrez qu'elle est représentée par 10×7 ou 70;
lle est bien la même que celle de A sur B.

SEIZIÈME SOIRÉE

Mouvements apparents des planètes. — Monographies de Mercure
et de Vénus. — Passages de Vénus sur le Soleil.
Parallaxe solaire.

— Hier, dis-je à Albert, je vous ai montré comment les
lois de Képler, relatives aux mouvements des planètes
autour du Soleil, ont servi de bases à la magnifique
conception du principe de la gravitation universelle,
cette force qui, s'exerçant entre tous les corps de la
nature, en raison directe de leurs masses et en raison
inverse des carrés de leurs distances, est le lien magi-
que qui maintient l'équilibre dans notre système planétaire, et qui, sans aucun doute, préside aussi aux
actions mutuelles de tous les astres de l'Univers. Je
vais maintenant passer en revue les différentes planètes et vous en faire la monographie succincte; cependant
afin de rendre cette description plus rapide, je vais en-

ore vous faire connaître quelques propriétés qui leur
ont communes et qui se rapportent à la nature de
eurs orbites et de leurs mouvements sur ces courbes.

Nous savons que ces orbites sont planes et ellipti-
ues, le Soleil occupant l'un de leurs foyers; eh bien,
l nous faut ajouter que ces ellipses, excepté celle de
Mercure, sont fort peu excentriques, presque circulai-
es. De plus, leurs plans sont peu inclinés sur celui
le l'orbite terrestre; ceux de Mercure et de Vénus, qui
orésentent la plus grande inclinaison, font avec l'éclip-
ique des angles de 7° pour la première, et 3° 23′ pour
a seconde; aussi, si votre œil était placé en dehors de
notre système planétaire, de manière qu'il en embras-
sât d'un seul coup l'ensemble, il verrait toutes les planètes circuler autour du Soleil sensiblement dans un
même plan passant par cet astre. Enfin, toutes les planètes décrivent leurs orbites dans le même sens, le sens
direct, et sont en outre animées de mouvements de rotation plus ou moins rapides et s'effectuant également
dans le même sens.

Tout ce mécanisme est, vous le voyez, excessivement
simple. Les mouvements apparents des planètes sur la
sphère céleste présenteraient tout autant de simplicité
pour un observateur placé à leur centre naturel, dans
l'intérieur de l'orbite de Mercure, au Soleil par exemple; il les verrait parcourir des circonférences de grands
cercles très-peu inclinés sur l'écliptique. Mais notre
position excentrique rend ces mouvements très-compli-
qués, si compliqués qu'ils faisaient dire à Alphonse

roi de Castille, astronome distingué de la fin du XIIIe
siècle, que « s'il avait été du conseil de Dieu dans le
temps de la création, il lui aurait donné de bons avis
sur le mouvement des astres. » Des savants de l'antiquité, au dire de Sénèque, avaient cependant découvert
les causes de ces apparentes complications : « Il s'est
trouvé des philosophes qui disaient : on se trompe en
croyant qu'il y ait des astres qui rétrogradent et s'ar-
rêtent ; cette bizarrerie ne peut avoir lieu dans les corps
célestes ; ils vont du côté où ils ont été lancés ; ils ne
suspendent jamais leur cours ; ils ne changent jamais
le sens de leur marche. C'est le Soleil qui est la cause
de l'illusion, car leurs orbes ou leurs cercles sont placés
de manière à nous tromper dans certains temps, ainsi
qu'on croit souvent voir immobile un vaisseau qui vogue pourtant à pleines voiles. » (*Quæstiones naturales*,
lib. VII.)

Si vous voulez vous rendre compte des mouvements
apparents des planètes, vous n'avez qu'à examiner les
deux figures que voici, et quelques mots d'explication
suffiront.

Considérons d'abord une planète inférieure.

— Une planète inférieure ? répliqua Albert ; il y a
donc des planètes inférieures et des planètes supérieures ?

— Les premières, répondis-je, sont Mercure et Vénus, les autres sont Mars, les petites planètes, Jupiter,
Saturne, Uranus et Neptune ; mais il serait certainement mieux de les appeler intérieures et extérieures,

car, dans l'Univers, il n'y a ni haut ni bas, ce que pourraient faire supposer les mots supérieur et inférieur; puis, les deux planètes qui sont entre le Soleil et nous ont leurs orbites à l'intérieur de celle de la Terre, tandis que les autres décrivent des ellipses qui enveloppent la nôtre.

Je reprends. Soit donc une planète inférieure, Mercure, par exemple; comme elle parcourt son orbite en moins de temps qu'il n'en faut à la Terre pour décrire la sienne, nous supposerons d'abord cette dernière sensiblement immobile en T pendant la révolution de Mercure. Lorsque la planète est voisine du point M, elle glisse pendant quelques jours sur la tangente TM, aussi paraît-elle sensiblement stationnaire en A sur la sphère céleste; puis, pendant qu'elle parcourt l'arc M,M',M", M''', M'', elle marche sur l'arc céleste AB, dans le sens direct; arrivé en M'', elle est de nouveau, pendant quelque temps, stationnaire en B; enfin, lorsqu'elle achève sa révolution, qu'elle décrit l'arc M'',M',M",M''',M, elle rétrograde et va de B en A sur la sphère céleste; après quoi elle s'arrête en A, marche vers B, stationne en ce point, revient vers A... et ainsi de suite indéfiniment. Que maintenant nous fassions avancer la Terre sur son orbite pendant le temps que Mercure met à parcourir la sienne, nous reconnaîtrons facilement que le mouvement de va-et-vient aura toujours lieu; seulement, les arcs décrits dans le sens direct deviendront plus grands que les autres, la planète s'avancera un peu plus qu'elle ne rétrogradera. Mais elle marchera toujours de compagnie avec le Soleil, tantôt en le suivant et tantôt en le précédant.

Cette même figure vous montre que les planètes in-

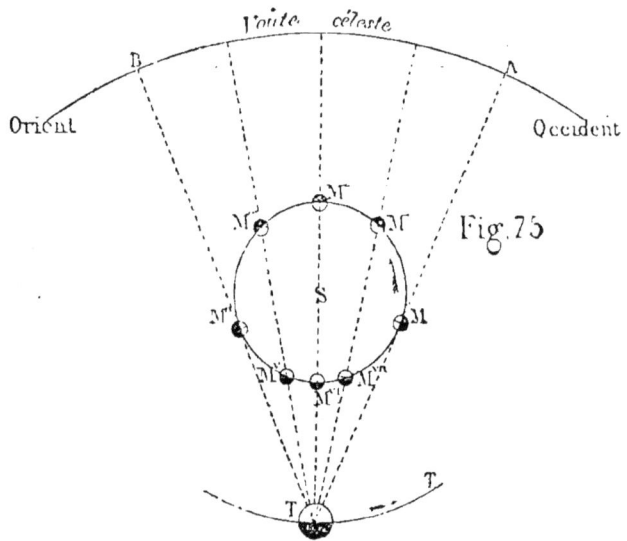

Fig. 75

férieures présentent des phases analogues à celles de la Lune : en M″, lorsqu'il y a conjonction intérieure, c'est la partie non éclairée du disque qui fait face à la Terre ; puis, on aperçoit un croissant qui va en s'élargissant jusqu'à ce que la planète, en M, soit demi-pleine ; ensuite elle devient gibbeuse (ou plus qu'à moitié pleine) ; en M″ son disque est entièrement brillant, et, à partir de ce moment, elle repasse par les mêmes phases, en sens inverse, jusqu'à son retour en M″.

Soit maintenant une planète supérieure, Jupiter par

exemple; sa vitesse est moins grande que celle de la
Terre; nous pouvons donc supposer d'abord qu'elle est
immobile pendant le temps de la révolution de notre
globe autour du Soleil. Lorsque la Terre est en T‴,
elle glisse pendant quelque temps sur T‴ J tangente à son
orbite, aussi Jupiter nous paraît-il conserver la même
place j‴ sur la sphère céleste; puis, lorsque nous par-
courons l'arc T‴,T‴,T‴,T‴,T‴, la planète se projette

Fig. 76

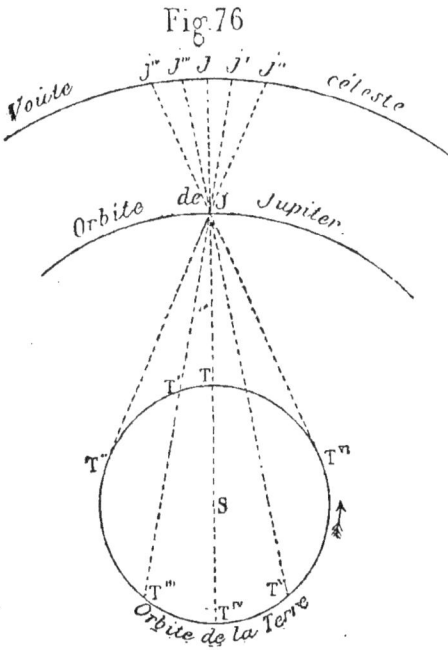

sur le Ciel successivement en j‴,j′,j,j‴,j‴, elle marche
dans le sens direct; ensuite, quand nous sommes dans

14

le voisinage de T''', nous restons sensiblement pendant quelques jours sur la tangente T'''J, c'est pourquoi Jupiter nous paraît stationnaire en j'''; enfin, lorsque nous décrivons l'arc T''',T,T',T'', la planète prend successivement les positions j'',j''',j,j',j'', elle rétrograde; en j'', elle s'arrête de nouveau, ensuite elle s'avance dans le sens direct.... ainsi de suite indéfiniment. Remarquez maintenant que Jupiter décrit, pendant un an, à peu près un douzième de son orbite, et vous reconnaîtrez que les arcs parcourus dans le sens direct doivent être plus grands que les autres; la planète s'avance plus qu'elle ne rétrograde, et elle effectue sa révolution sur la sphère céleste, tantôt en accompagnant le Soleil, tantôt lui étant diamétralement opposé. Vous observerez aussi que le plan de l'orbite de Jupiter faisant un petit angle avec l'écliptique, les arcs directs et rétrogrades ne se recouvrent pas, mais produisent sur la sphère céleste une courbe à zigzags, comme celle de la figure ci-contre :

Fig. 77

Enfin, j'ajouterai que les phases des planètes supérieures sont pour ainsi dire nulles. Elles ne sont un peu sensibles que pour Mars ; pour les autres, qui sont très-éloignées de nous, les phases sont tout à fait inappréciables.

Quelques mots, maintenant, sur chacune des planètes.

Je vous dirai peu de chose de *Mercure;* c'est une petite planète difficile à voir à l'œil nu, parce qu'elle est très-voisine du Soleil et, par suite, constamment noyée dans ses rayons. Sa distance au Soleil vous est donnée par la loi de Bode, elle est les $\frac{2}{5}$ de celle qui nous sépare de cet astre. La durée de sa révolution autour du Soleil est de 88 jours. Elle est aussi douée d'un mouvement de rotation s'effectuant en 24 heures 5 minutes; cette rotation et sa durée ont été déterminées par l'observation des taches que présente le disque de la planète. Quant à la grosseur de ce corps, elle est très petite; le diamètre de Mercure n'est que le tiers de celui de la Terre, et, par conséquent, de 1 000 lieues à peu près.

La planète *Vénus* porte ordinairement le nom impropre d'étoile; son éclat est en effet comparable à celui des astres les plus brillants. Homère l'appelle Κάλλιστος, la plus belle étoile placée dans le ciel. Maintenant encore, c'est tantôt Vesper, ou l'étoile du soir, quand elle brille à l'occident après le coucher du Soleil, tantôt Lucifer, étoile du matin, qui porte la lumière, parce qu'elle annonce le lever de l'astre du jour; souvent aussi elle est désignée sous le nom d'étoile du Berger. L'éclat de Vénus et la largeur de son disque sont du reste très-variables, et cela tient à ce que, pendant sa révolution autour du Soleil, la distance de cette planète à nous change dans des proportions considérables; comme sa distance au Soleil est les sept dixièmes de la nôtre, si nous représentons cette dernière par 10, celle de Vénus à la Terre sera 3 ou 17, suivant qu'elle sera en conjonction intérieure ou en conjonction extérieure, c'est-à-dire entre le Soleil et nous ou au delà du Soleil, sensiblement sur la ligne droite qui va de la Terre au Soleil. Ainsi dans le second cas elle est six fois plus éloignée de nous que dans le premier. Vénus fait sa révolution autour du Soleil en 7 mois et demi, 224 j. 7. Les taches de son disque accusent la rotation de cette planète et montrent qu'elle s'effectue en 23 heures 21 minutes. Ses phases sont très-remarquables; elles ont été observées la première fois par Galilée, et, en prouvant à ce savant le mouvement de circulation de Vénus, elles lui fournirent par analogie une preuve de celui de la Terre. Enfin le diamètre de Vénus est sensiblement le même que celui de notre globe.

— Vous m'aviez promis de me parler des passages de Vénus sur le Soleil et de leur application à la détermination de la parallaxe de cet astre?

— Je m'en souviens bien, dis-je, et je vais consacrer la fin de cet entretien à cette question à la fois si intéressante et si pleine d'actualité.; le dernier passage a eu lieu le 9 décembre dernier, et il n'y a pas longtemps que nos savants sont de retour des lointaines stations où ils sont allés l'observer.

Vous vous rappelez que le plan de l'orbite de Vénus est incliné sur celui dans lequel se meut la Terre de $3^0 23'$; soit $TVV''T''$ la droite intersection de ces deux

plans; vous voyez que Vénus est au-dessus de l'écliptique pendant qu'elle parcourt la moitié VV'V" de sa
trajectoire, et au-dessous quand elle décrit l'autre moitié V"V'''V. Comme elle se meut dans le sens direct,
celui de la flèche, elle traverse l'écliptique au point
V lorsqu'elle arrive à la partie supérieure de son orbite, elle est alors à son nœud ascendant. Cent douze
jours après, elle le traverse de nouveau en V" à
son nœud descendant lorsqu'elle passe à la partie in-

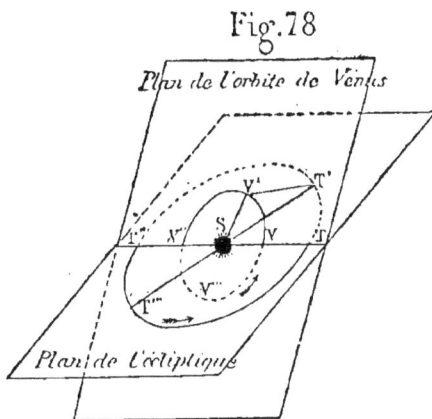

Fig.78

férieure de sa trajectoire. La droite VV" s'appelle la
ligne des nœuds.

Cela posé, quand les trois corps, Soleil, Vénus et
Terre, sont dans un même plan perpendiculaire à l'é-
cliptique, il y a conjonction, Vénus et le Soleil sont
ensemble dans un même méridien céleste; cette conjonction est intérieure, quand Vénus est entre le Soleil

14.

et nous, comme cela a lieu lorsque ces corps ont les positions respectives T′V′S et elle est extérieure quand le Soleil est entre Vénus et la Terre, lorsque ces trois corps sont disposés dans l'ordre T‴SV′.

Le temps qui s'écoule entre deux conjonctions de même nom, deux conjonctions intérieures, par exemple, est plus long que celui qu'il faut à Vénus pour parcourir son orbite autour du Soleil, en d'autres termes la durée de la révolution *synodique* est plus grande que celle de la révolution *sidérale*. Pour bien comprendre cette question, considérez le cadran d'une montre ; à midi, les deux aiguilles coïncident, il y a conjonction ; mais aussitôt elles se séparent ; celle des minutes marchant douze fois plus vite que l'autre la dépasse, et quand elle revient à elle, quand il y a de nouveau conjonction, il est une heure cinq minutes environ ; l'aiguille des heures n'a parcouru qu'un peu plus de l'une des douze divisions du cadran ; celle des minutes, au contraire, a fait un tour de plus, elle a décrit un peu plus de treize divisions. Eh bien, supposez maintenant le Soleil et nos deux planètes dans les positions respectives S,V,T, il y a alors conjonction intérieure ; mais Vénus ne met que 224 jours à décrire son orbite, tandis qu'il en faut 365 à la Terre pour parcourir la sienne, Vénus va donc environ une fois et demie plus vite que notre globe. Pour plus de simplicité, admettons d'abord ce rapport ; alors quand Vénus a fait un tour, qu'elle est revenue en V, la Terre n'a effectué que les deux tiers de sa révolution autour du Soleil, elle est en T′, Vénus

la précède; quand cette dernière aura fait un second
tour, notre globe sera en T″ et Vénus encore de nouveau

Fig. 79

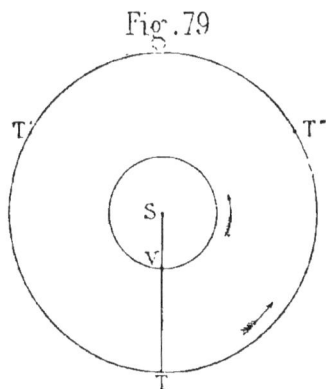

en V ; enfin si cette planète fait un troisième tour, elle
revient encore en V et la Terre parcourt T″T′T et arrive en T; il y a donc de nouveau conjonction intérieure. Ainsi trois révolutions de Vénus ou deux de la
Terre s'effectueraient dans le même temps qu'une révolution synodique. Il n'en est pas tout à fait ainsi ; la
vitesse de Vénus vaut un peu plus d'une fois et demie
celle de la Terre, aussi la rencontre, la conjonction intérieure a lieu un peu plus tôt ; la durée de la révolution
synodique n'est pas de deux ans, mais de 584 jours.

— Alors, observa Albert, tous les 584 jours, à chaque conjonction intérieure, Vénus passera sur le Soleil;
on verra un point noir traverser le disque brillant de
l'astre du jour?

— Vous oubliez, mon ami, me hâtai-je de répondre, que le plan de l'orbite de Vénus est incliné de 3° 23′ sur celui de l'écliptique ; aussi, au moment d'une conjonction intérieure, Vénus peut se trouver assez éloignée de l'écliptique, soit au-dessus, soit au-dessous de ce plan, pour que deux droites allant de la Terre, l'une au centre du Soleil, l'autre au centre de Vénus, fassent un angle supérieur à la demi-épaisseur du Soleil vu de la Terre, c'est-à-dire à son demi-diamètre apparent, lequel n'est que du quart d'un degré. Vous comprenez alors que Vénus passera rarement sur le Soleil lors de ses conjonctions intérieures. Il faudra, pour que le phénomène ait lieu, que cette planète soit au moment de la conjonction très-proche de l'écliptique, et par conséquent très-près de l'un de ses nœuds, soit en V, soit en V″ (avant-dernière figure). Eh bien, considérons le nœud ascendant V ; le 9 décembre 1874, à 1 h. 56 m. du matin (pour Paris), la Terre était sensiblement en T et Vénus un peu au-dessous du point V, mais très-près de ce point ; alors la planète a traversé le disque solaire ; on a vu un petit point noir apparaître sur son bord oriental, s'avancer assez lentement au travers des taches solaires (le passage dure 7 h. 52 m. quand Vénus est rigoureusement à son nœud), et enfin disparaître.

Dans huit ans, le 6 décembre 1882, le même phénomène se reproduira, car huit fois la durée d'une année, 365 jours 1/4, donnent le même nombre que cinq révolutions synodiques de Vénus, ou cinq fois 584

ours 1/2 ; on obtient dans les deux cas 2 920 jours. Vénus et la Terre se retrouveront sensiblement en V et
n T ; cependant, en vertu de certains petits déplacements que je me contenterai de vous signaler et qui
sont dus à la rétrogradation des nœuds, Vénus qui, je
e répète, à son passage de 1874, était un peu au-dessous de l'écliptique, sera au-dessus le 6 décembre 1882,
au moment de la conjonction intérieure ; elle aura
monté de 24', elle passera cependant encore sur le So-
eil. Mais huit ans après, en 1890, l'élévation sera de
48' ; or, ce nombre est supérieur à l'épaisseur du Soleil
vu de la Terre, c'est-à-dire à l'angle sous lequel apparaît
son disque, qui est seulement de 32' ; aussi Vénus ne
se projettera plus sur le Soleil, et il faudra attendre
235 ans, pour que cette circonstance se représente.

Ainsi donc, comme un passage pour le nœud ascendant a eu lieu · le 4 décembre 1639,
e suivant est arrivé
235 ans après, le 9 décembre 1874 $1639 + 235$;
es autres auront lieu le 6 décembre 1882 $1874 + 8$;
le 10 décembre 2117 $1882 + 235$;
le 8 décembre 2125 $2117 + 8$.

Mais il y a une autre série de passages ; ce sont ceux
qui se produisent au nœud descendant V'' ; il y en a eu un

le 5 juin 1761 ;
puis le 3 juin 1769 $1761 + 8$;
le prochain aura lieu le 7 juin 2004 $1769 + 235$;
ensuite il y en aura un le 5 juin 2012 $2004 + 8$.

De ce tableau résulte qu'après le passage de 1882, il faudra attendre 122 ans le prochain, celui de 2004. Les savants qui, le 9 décembre dernier, n'auraient pu réussir leurs observations, pourraient les recommencer dans huit ans, mais après ils n'y devraient plus songer. Ils pourraient même se fixer à leur station et y attendre patiemment le prochain passage, ils auraient ainsi tout le temps de s'y installer commodément; je crains cependant que le souvenir de Legentil et de ses malencontreuses aventures ne soit pas fait pour leur inspirer une si courageuse résolution. L'Académie des sciences avait envoyé à Pondichéry, pour y observer le passage de 1761, un de ses membres, Legentil de la Galaisière. Parti au mois de mars 1760, ce savant arriva à l'Ile-de-France en juillet, plus de onze mois avant le passage. Mais sur ces entrefaites, la guerre éclata entre la France et l'Angleterre, et il ne put reprendre la mer qu'en mars 1761; il avait encore, il est vrai, plus que le temps d'arriver à sa destination et d'y installer ses instruments pour le moment attendu; malheureusement des vents contraires d'une persistance désespérante condamnèrent le vaisseau à l'immobilité; le 5 juin arriva, le temps était magnifique, mais Legentil était en mer, et ce fut sur le pont du navire qu'il tenta des expériences impossibles. Ce long voyage, ces fatigues pendant quinze mois, tout avait donc été inutile; eh bien, non — j'y reste, se dit l'intrépide astronome; — et il resta à Pondichéry huit années. Le nouveau passage devait arriver le 3 juin 1769; les jours qui le précédè-

ent furent splendides ; notre savant était enchanté,
orsque tout à coup, dans la nuit du 2 juin, le ciel se
)oucha (c'est l'expression de Legentil), et ne se débou-
ha plus que juste au moment où la planète devait
)bandonner le disque solaire. Du reste, comme pour
larguer notre enguignoné savant, le Soleil « ne cessa
le briller du plus vif éclat pendant le reste de la jour-
iée. » « J'avais fait deux mille lieues, s'écrie Legentil
ivec désespoir ; il semblait que je n'eusse parcouru un si
grand espace, en m'exilant de ma patrie, que pour être
ipectateur d'un nuage fatal qui vint se poser là pour
n'enlever le fruit de mes fatigues. »

Ces passages de Vénus avaient été indiqués par Ké-
)ler, et cet illustre astronome en avait annoncé les re-
:ours, mais il n'avait pas songé au parti qu'on pouvait
:n tirer pour la détermination de la distance du Soleil.
Sette découverte était réservée au savant Halley en 1725,
:t sa théorie a été appliquée lors des passages de 1761
:t 1769, mais non par lui, il était mort à cette époque.
Quoiqu'il ait vécu quatre-vingt-six ans, de 1656 à 1742,
l ne lui fut pas donné de faire l'application de sa
néthode ; il n'y eut pas un seul passage de Vénus, le
lernier ayant eu lieu en 1639 et le suivant devant se
produire en 1761. Mais cette considération ne l'arrêta
pas, il regardait ce procédé comme le plus exact pour
)btenir la parallaxe solaire ; aussi il travailla cette ques-
lion avec le plus grand soin, et il prépara les calculs et
les formules avec la plus scrupuleuse et minutieuse
attention, ne laissant à ses successeurs que les détails

d'observations. L'honneur de la découverte est ainsi resté attaché au nom d'Halley, et c'est un de ses plus beaux titres de gloire.

Voici en quelques mots le principe de la méthode. Au moment de son passage, Vénus est à une distance de nous relativement faible, les $\frac{3}{10}$ de notre distance au Soleil; aussi à cette époque sa parallaxe est assez grande, l'angle sous lequel de cet astre on apercevrait le diamètre de la Terre est assez ouvert; par conséquent, deux observateurs que, pour la facilité de mon explication, je supposerai placés aux deux extrémités A et B du diamètre terrestre et de façon que AB soit sensiblement perpendiculaire à l'écliptique, verront au même moment Vénus se projeter sur le disque solaire

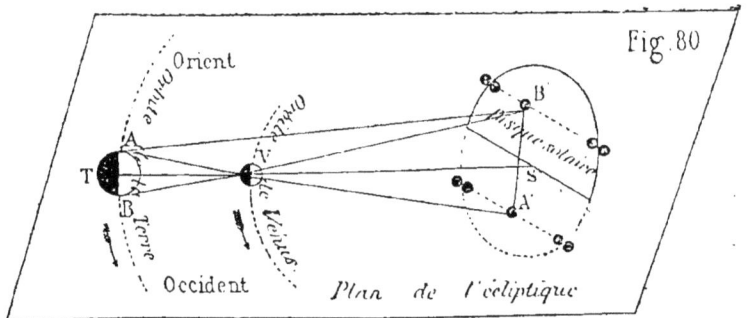

Fig. 80

en deux points différents A′ et B′. Joignons ces deux points, les deux triangles VAB, VA′B′ étant de même forme (semblables), il en résulte que A′B′ vaut autant de fois AB que la distance VA′ de Vénus au Soleil contient celle VA de cette même planète à la Terre. Or, vous savez que l'on connaît exactement les rapports de distance du Soleil aux différentes planètes (troisième loi de Képler), on sait que VA' est en nombre rond 2 fois 1/2 plus long que VA. Ainsi la distance A'B' des deux images de Vénus sur le Soleil est 2 fois 1/2 plus grande que le diamètre terrestre, ou, ce qui revient au même, cinq fois plus grande que le rayon de la Terre. Si donc on évalue l'angle A'AB' sous lequel de la Terre on aperçoit la droite A'B', on aura cinq fois l'angle sous lequel un observateur placé à une distance de la Terre égale à celle qui nous sépare du Soleil verrait le rayon terrestre ; en divisant cet angle par 5, on aura la parallaxe solaire et l'on déterminera ensuite la distance du Soleil comme nous l'avons fait précédemment.

Vous voyez que toute la question revient à mesurer la longueur micrométrique A'B'. Comme il n'est pas possible que nos deux observateurs puissent observer le point noir au même instant et en fixer exactement la position sur le disque du Soleil, chacun d'eux détermine avec précision la ligne, la corde, que Vénus lui paraît décrire sur le Soleil ; la considération des positions de chacune de ces cordes donnera ensuite facilement la distance A'B'. On obtient du reste la situation de la corde par plusieurs procédés.

Dans la méthode d'Halley, on évalue le temps qui s'écoule depuis le moment de l'immersion de Vénus sur le disque solaire jusqu'à celui de son émersion ; la

15

vitesse relative de Vénus donne celle de son image sur le disque, aussi la durée du passage fournit-elle la longueur de la corde décrite par l'image ; une bonne lunette et une horloge astronomique sont ainsi les instruments suffisants pour obtenir les éléments du problème. Malheureusement les moments de l'entrée et de la sortie de Vénus sur le Soleil sont difficiles à saisir, d'abord à cause de la lenteur du mouvement du point noir, puis souvent de l'obliquité de la corde qu'il trace par rapport à la circonférence du Soleil, et enfin d'un curieux phénomène observé par Chappe d'Auteroche et la plupart de ses collègues en 1769, phénomène qui, d'après M. Wolf, astronome de l'Observatoire de Paris, tenait à l'imperfection des objectifs et est connu sous le nom de la *goutte noire* ou du *ligament noir*. Un peu avant l'entrée, le bord du disque de Vénus paraît s'allonger comme s'il était attiré par le Soleil, il se réunit au Soleil quelquefois 20 secondes avant le contact ; à la sortie, la goutte paraît après l'instant de la séparation. Il n'est donc pas étonnant qu'au même lieu, des observateurs notèrent pour ces moments des temps qui différèrent de près de 30 secondes ; c'est pourquoi la parallaxe solaire trouvée par ce procédé n'a pu être estimée avec une parfaite exactitude, et plusieurs nombres ont été proposés :

Encke l'évaluait à 8″,57, Powalky l'a élevé à 8″,86.

M. Wolf croit cependant qu'on peut obtenir avec une très-grande précision l'instant du contact réel en employant des objectifs de grande ouverture (20 centimètres environ), dénués le plus possible d'aberration et prenant certaines précautions qu'il indique.

On peut aussi obtenir la position de la corde, en mesurant à des instants déterminés la distance des centres des deux astres.

Enfin, M. Faye a proposé une troisième méthode qui a été généralement employée au passage du mois de décembre 1874, et qui consiste à prendre pendant la durée du phénomène un grand nombre d'images photographiques du disque solaire. Les nombreux savants chargés de cette mission ont rapporté plus de mille épreuves, et je vous ai déjà dit qu'en prenant pour bases de ses calculs les observations faites à Pékin et à l'île Saint-Paul, M. Puiseux a trouvé pour la parallaxe solaire le nombre 8″,879.

Avant d'en finir avec ce sujet, je dois encore vous dire comment on était parvenu à obtenir une valeur assez approchée de la distance du Soleil à la Terre, au moyen de la parallaxe de Mars. Je vous ai indiqué, il y a quelques jours, le procédé par lequel Lalande et Lacaille trouvèrent, en 1752, la parallaxe de Mars, au moment où cette planète, dans sa révolution autour du Soleil, est le plus près de nous.

Mars étant une planète supérieure, son orbite enveloppe celle de la Terre ; supposons alors les trois corps, Soleil, Terre et Mars sensiblement en ligne droite dans cet ordre S, T, M; quelque temps après, comme Mars va moins vite que la Terre, elle aura parcouru l'arc MM′, tandis que notre globe se sera avancé sur son

orbite de l'arc plus grand TT'; menons les droites SM',
ST', T'M', nous formons un triangle dans lequel nous

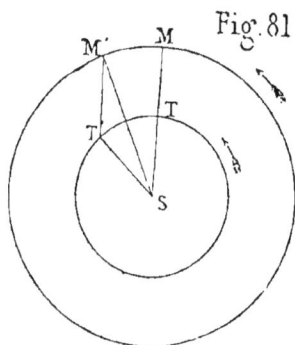

Fig. 81

connaissons le côté T'M' sensiblement égal à TM,
puisque T' est voisin de T et M' de M; nous pouvons
mesurer l'angle formé par deux rayons allant de la
Terre l'un à Mars M', l'autre au Soleil S; enfin l'angle T'SM' est facile à obtenir, parce qu'il est la différence entre TST' et MSM', et ces deux derniers sont
ceux dont la Terre et Mars ont tourné autour du Soleil dans le même temps observé (Mars décrit son orbite en 687 jours). Ce triangle est alors parfaitement
déterminé et fournit la distance T'S; on voit que cette
valeur sera d'autant plus exacte que celle de la base
T'M', distance de la Terre à Mars, aura été elle-même
obtenue avec plus d'exactitude.

Cette même figure vous montre que réciproquement,
si on connaissait la distance du Soleil à la Terre, le

triangle ST'M' donnerait celle SM' du Soleil à la planète Mars, et en agissant semblablement pour toutes
les autres planètes, on aurait leurs distances au Soleil.

Du temps de Képler, au commencement du dix-septième siècle, on n'avait pas de valeur sensiblement
exacte du rayon ST' de l'orbite terrestre, aussi les triangles tels que ST'M' ne donnaient à cet habile géomètre
que les rapports des distances du Soleil aux différentes
planètes ; il avait ainsi pu tracer une image, un portrait
de notre système planétaire ; il en avait fait le plan,
mais il lui manquait l'échelle. Cette échelle, vous venez
d'apprendre comment on est parvenu à l'obtenir.

DIX-SEPTIÈME SOIRÉE

Monographies de Mars, des petites planètes, de Jupiter, de
Saturne, d'Uranus et de Neptune.

— Je vais ce soir vous donner quelques notions sur
les planètes supérieures : Mars, les petites planètes,
Jupiter, Saturne, Uranus et Neptune.

La planète supérieure *Mars* apparaît, à l'œil nu,
comme une belle étoile, remarquable par une couleur rougeâtre très-prononcée, que l'on attribue à
une épaisse atmosphère. Sa distance au Soleil vaut environ une fois et demie la nôtre; elle accomplit sa révolution en 687 jours et elle tourne sur elle-même en
24 heures et demie autour d'un axe qui fait un angle
de 61⁰ avec le plan de l'orbite. Remarquez que cette
inclinaison est sensiblement la même que celle de l'axe
terrestre (66⁰33′); aussi les inégalités des jours et des
nuits et les vicissitudes des saisons sont sur cette planète tout à fait analogues à celles qui ont lieu sur notre

globe, si ce n'est toutefois que les changements sont plus lents, leur durée totale étant environ deux fois plus grande, puisque l'année de Mars est de 687 jours quand la nôtre n'en a que 365.

« En suivant cette analogie, dit M. Faye, on voit que Mars doit avoir ses régions polaires ou glaciales et que ses deux hémisphères se présentent alternativement au Soleil, absolument comme les hémisphères terrestres vers le solstice d'été et le solstice d'hiver. Si donc Mars a une atmosphère [1] et des mers, il s'y passera des phénomènes météorologiques semblables à ceux qu'amène chez nous la succession de l'hiver et de l'été. Or, sur notre hémisphère boréal, une partie de l'Amérique du Nord, de l'Europe et de l'Asie, restent couvertes de neiges en hiver; ces neiges fondent au printemps. Pendant notre hiver, l'hémisphère austral jouit de la chaleur de l'été et se trouve exempt de neiges; il s'en recouvre à son tour six mois après nous. Mars présente à son tour des phénomènes identiques. A certaines époques on voit (fig. 82) les régions boréales briller d'une

---

1. L'analyse spectrale a démontré l'existence d'atmosphères sur les planètes Vénus, Mars, Jupiter et Saturne. En 1863 le P. Secchi a étudié avec soin les lumières réfléchies par ces astres, et il a reconnu que leurs spectres présentent les raies propres de la lumière solaire directe, mais que quelques-unes de ces raies sont énormément renforcées et dilatées en bandes, résultat analogue à celui que produit l'atmosphère terrestre sur le spectre solaire. En un mot, les spectres de ces planètes sont de même espèce que le spectre atmosphérique terrestre, avec la différence cependant que certains rayons sont plus absorbés que par l'atmosphère terrestre elle-même, de sorte que ces bandes sont plus sombres, surtout pour Saturne.

éclatante lumière blanche, tandis que le pôle opposé a
la nuance sombre et rougeâtre des régions équatoriales.
Lorsque la figure ci-jointe fut dessinée, l'hiver était
loin d'être terminé pour l'hémisphère boréal de Mars;

Mars Fig. 82

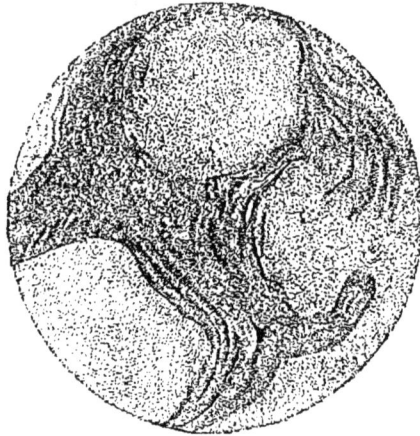

les neiges s'étendaient peu à peu et finirent par recou-
vrir une zone encore plus grande; puis quand l'été
vint, les neiges fondirent, le pôle nord de Mars appa-
rut entièrement dégarni de cette espèce de calotte brillante et blanche, et les neiges commencèrent à paraître vers le pôle inférieur où l'hiver régnait. »

Le volume et la masse de Mars sont sensiblement
sept fois plus petits que ceux de la Terre. Enfin, d'a-
près Arago, cette planète présenterait un très-fort apla-

tissement à ses pôles; il serait égal à $\frac{1}{33}$, ce qui veut dire que si le rayon de l'équateur était représenté par 33, celui des pôles le serait par 32.

Avant le commencement de ce siècle, il y avait entre Mars et Jupiter une immense lacune, un hiatus, comme le disait Képler. La loi de Bode faisait espérer que l'on trouverait une planète à la distance 2,8 ; cette espérance a été plus que réalisée. Le premier jour de notre siècle, le premier janvier 1801, Piazzi découvrit par hasard la petite planète *Cérès*; en 1803 et 1804, Olbers et Harding aperçurent *Pallas* et *Junon*. Trois ans après, le même Olbers ayant remarqué que les orbites de ces trois corps se rencontraient sensiblement au même point, émit l'idée qu'ils pouvaient bien n'être que des fragments d'une grosse planète brisée par une effroyable explosion, et il eut le bonheur de corroborer son hypothèse par la découverte d'une nouvelle petite planète, *Vesta*, satisfaisant à cette condition. A partir de 1845, le nombre de ces petits globes s'est tellement accru, qu'on en compte aujourd'hui cent quarante-six ; les intersections de leurs orbites sont loin de s'accorder toutes avec l'hypothèse d'Olbers; toutefois, leur entrelacement permet de supposer une liaison intime entre ces corps. La question de l'origine des petites planètes n'est donc pas encore résolue, et c'est un curieux sujet de nouvelles investigations astronomiques.

« J'arrive à *Jupiter*, le plus important des corps de notre système planétaire. C'est une très-brillante planète; quoique cinq fois plus éloignée du Soleil que la

15.

Terre, elle nous paraît aussi éclatante et aussi grosse que Vénus ; elle doit ce vif éclat à son énorme volume, qu'on peut estimer à près de 1400 fois celui de la Terre. La masse de cette planète n'est cependant que 309 fois celle de notre globe, aussi la densité de la matière dont elle est formée est-elle très-faible. Le disque de Jupiter, examiné au télescope, présente des taches brunes persistantes dont le retour périodique accuse un mouvement de rotation, s'effectuant en 9 heures 55 minutes, autour d'un axe presque perpendiculaire au plan de l'orbite de la planète. Il résulte de cette direction de son axe de rotation que les rayons solaires arrivent toujours sensiblement dans la direction de l'équateur et que, par suite, les jours y sont égaux aux nuits et la température invariable pendant toute l'année pour tous les points, quelle que soit leur latitude ; cette planète jouit d'un printemps perpétuel. On aperçoit aussi sur Jupiter des bandes parallèles à l'équateur et alternativement lumineuses et obscures ; il y a une zone brillante à l'équateur, de chaque côté de cette zone des bandes grisâtres et enfin aux pôles des stries, tantôt sombres, tantôt lumineuses. Herschell croit que les bandes brillantes sont les zones où l'atmosphère de cette planète est le plus remplie de nuages, et que les bandes obscures correspondent aux régions dans lesquelles l'atmosphère, complétement sereine, permet aux rayons solaires d'arriver jusqu'aux portions solides de la planète où la réflexion est moins forte que sur les nuages. Je dois vous rappeler que Jupiter accomplit sa révolution autour du Soleil en 12 ans, et enfin ajouter qu'il est très-aplati aux pôles; cet aplatissement, égal à $\frac{1}{17}$, provient évidemment de l'excessive vitesse de la planète.

« Cette planète est accompagnée de quatre satellites qui se meuvent autour d'elle dans des orbites presque cir-

Jupiter Fig. 83

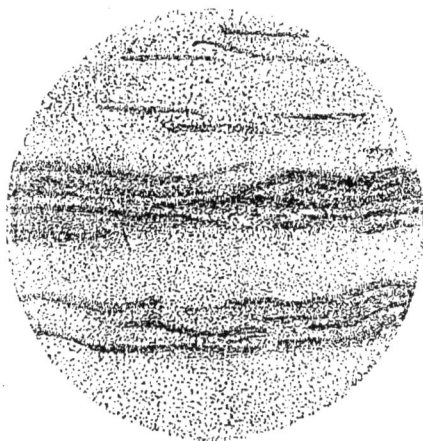

culaires, très-peu inclinées sur le plan de l'orbite de Jupiter. « La découverte de ce petit monde, vraie miniature du système solaire, est, fait observer M. Faye, un des premiers fruits de l'invention des lunettes; elle a été faite presque simultanément, vers la fin de 1610, par Simon Marius en Allemagne et par Galilée[1] à Flo-

1. Quand Galilée annonça qu'il voyait très-distinctement quatre

rence, à une époque où le système de Copernic n'était encore adopté que par un petit nombre d'astronomes. Cette découverte fut décisive ; il était impos-

petits corps circuler autour de Jupiter, on ne voulait pas y croire. Écoutez les objections par lesquelles on repoussait leur existence. Ponsard, dans son drame intitulé *Galilée*, les met dans la bouche d'un astronome conservateur et asservi aux superstitions du temps, le pédant Pompée, qui dispute avec un disciple de Galilée, Vivian.

VIVIAN. — POMPÉE.

VIVIAN.

Mais quels sont vos motifs pour le juger ainsi ?

LE DOCTEUR POMPÉE.

Ils sont clairs, pertinents et probants, Dieu merci.
N'est-il pas vrai que l'homme et même tous les êtres
Au-devant de leur chef, ont comme sept fenêtres,
Savoir la double ouïe, une bouche, deux yeux,
Deux narines, par où l'air pénétrant chez eux
Porte au reste du corps, selon chaque ouverture,
La lumière, le son, l'odeur, la nourriture,
Et qui sont les sept points les plus intéressants
Du *Microcosme*, ou monde abrégé ?

VIVIAN.

J'y consens.

LE DOCTEUR POMPÉE.

De même, notez bien l'identité profonde,
De même, dans le ciel *Macrocosme* ou grand monde
Sept planètes en tout composent l'appareil ;
Deux luminaires : c'est la Lune et le Soleil ;
Deux astres influant d'une façon maligne :
Mars et Saturne ; deux d'influence bénigne :
Jupiter et Vénus ; puis Mercure indécis.
De ces faits, comme encor d'autres non moins précis,
Soit que l'ordre profane offre les témoignages
Des sept métaux, des sept merveilles, des sept sages,

sible de n'être point frappé de l'analogie qui existe entre le monde de Jupiter et notre globe terrestre, accompagné de son satellite. Copernic lui-même n'eût pu désirer

> Soit que l'ordre sacré nous montre sept flambeaux,
> Sept psaumes pénitents, sept péchés capitaux,
> Nous devons recueillir ces conséquences nettes,
> Que le nombre de sept est celui des planètes ;
> Que c'est tout justement le nombre qu'il leur faut,
> Sans qu'il puisse jamais être plus ni moins haut,
> Et qu'ainsi Jupiter n'a point de satellites,
> Puisqu'ils ajouteraient des nombres illicites.

VIVIAN.

Cependant....

LE DOCTEUR POMPÉE.

> Et de plus observez que toujours
> On a distribué la semaine en sept jours,
> Et qu'on les a nommés du nom des corps célestes,
> Lesquels soit bienfaisants, soit douteux, soit funestes,
> Exercent tour à tour leur domination
> Sur l'heure attribuée à leur rang d'action.
> Si donc nous augmentions le nombre des planètes,
> N'augmentant pas celui des heures leurs sujettes,
> Nous bouleverserions jusqu'en son fondement,
> La régularité de cet arrangement,
> Ce qui mettrait partout un désordre incroyable.

VIVIAN.

> Il est vrai ; ce serait une chose effroyable ;
> Tenez ferme : haro sur les nouveaux venus ;
> Il faut dire leur fait à ces quatre inconnus,
> A ces perturbateurs, à ces vagabonds d'astres,
> Qui plongent la science en de si grands désastres.
> Oui, chassez-moi du ciel ces intrus sans aveu ;
> De quoi se mêlent-ils, je le demande un peu,
> De venir, après coup, quand les places sont prises,
> Déranger brusquement les planètes assises !

pour ses idées une confirmation plus éclatante et surtout plus accessible à tous les esprits. Là, en effet, point d'hypothèses, point de raisonnements délicats sur des phénomènes qui se prêtent également bien à des explications diamétralement opposées ; il suffit d'une lunette médiocre et de quelques jours d'attention pour reconnaître dans ce petit monde une image réduite du système solaire et en même temps une reproduction exacte, mais à grande échelle, du système secondaire formé par la Terre et la Lune. »

Les satellites de Jupiter présentent des mouvements analogues à celui de notre Lune ; comme elle, ils peuvent pénétrer dans le cône d'ombre de la planète et s'y éclipser. Ces éclipses ont fourni à l'astronome danois Rœmer (1675) un moyen très-ingénieux de trouver la vitesse de la lumière.

L'un des satellites entre, à chaque révolution, dans le cône d'ombre de Jupiter, et le temps qui s'écoule entre deux immersions consécutives, c'est-à-dire la durée de la révolution, est de 42 heures 28 minutes 48 secondes. Cela posé, qu'on note le moment précis d'une immersion lorsque la Terre est voisine du point T pour lequel le Soleil et Jupiter seraient en opposition, puis celui auquel a lieu une autre immersion, lorsque nous occupons une position à peu près diamétralement opposée, c'est-à-dire que nous sommes près du point T', on trouve que l'intervalle de temps observé l'emporte de 16 minutes sur le nombre qu'on obtient en répétant 42 heures 28 minutes 48 secondes autant de fois qu'il y a eu

d'éclipses entre les deux observations. Si la lumière
nous arrivait instantanément de Jupiter, cette différence

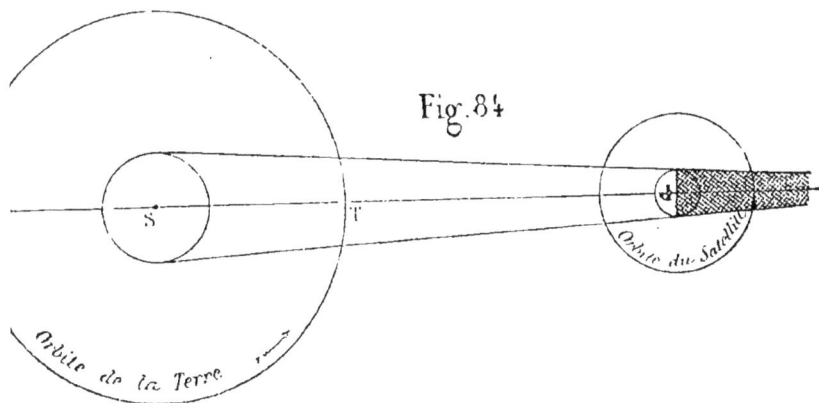

Fig. 84

ne devrait pas exister. On voit donc que la lumière met
16 minutes pour traverser l'axe TT' de notre orbite ou
8 minutes pour venir du Soleil à nous, c'est-à-dire pour
parcourir 37 000 000 de lieues. Comme d'ailleurs, par
d'autres observations semblables faites pour d'autres
positions de la Terre sur l'écliptique, on reconnaît que
le mouvement de la lumière est uniforme, on en conclut
qu'elle parcourt environ 77 000 lieues par seconde.

— Est-ce qu'on n'est pas parvenu à déterminer la
vitesse de propagation de la lumière par des expériences
directes?

— MM. Fizeau et Foucault, répondis-je, y sont en
effet arrivés par des procédés excessivement ingénieux;
je ne puis ici vous les faire connaître, mais je dois vous

dire que ces expériences n'ont fait que confirmer le résultat auquel Rœmer était arrivé.

Je passe à *Saturne;* cette planète a une couleur pâle et comme plombée, et, à l'aide d'une lunette, on aperçoit sur son disque, comme sur celui de Jupiter, des bandes alternativement sombres et brillantes, parallèles à son équateur. Elle est 865 fois plus grosse que la Terre, et sa masse vaut 92 fois celle de notre globe. Sa distance au Soleil est égale à 9 fois $\frac{1}{2}$ la nôtre. Sa révolution sur son orbite s'accomplit en 29 ans et sa rotation sur elle-même en 10 heures 1/2 autour d'un axe qui fait un angle de 64° avec le plan de l'orbite.

Cette planète a huit satellites; de plus elle en possède un neuvième d'une nature bien singulière; c'est un anneau opaque, circulaire, large et mince, à peu près dans le prolongement de son équateur, sans adhérence avec la planète et tournant comme elle autour du même axe avec la même vitesse. Galilée, qui fit la découverte de cet anneau, disait : J'ai observé la plus haute planète et je l'ai trouvée *triple;* avec les faibles lunettes dont il se servait, il ne pouvait en effet distinguer que les prolongements de l'anneau de chaque côté de la planète, aussi cette dernière lui paraissait-elle semblable à un vase sphérique avec deux anses. Mais Huyghens reconnut que ces deux anses n'étaient que les extrémités d'un anneau dont le milieu, se projetant sur le disque de Saturne, était beaucoup moins visible. On a trouvé que le rayon de Saturne est de 16 000 lieues, le rayon intérieur de l'anneau de 23 500 et le rayon extérieur

de 35 500; quant à son épaisseur, elle est relativement
très-faible; on ne la connaît pas exactement, on l'estime
à 30 lieues environ. L'anneau est du reste multiple,
c'est-à-dire qu'il est composé de plusieurs anneaux concentriques; on en compte ordinairement trois (quelquefois un plus grand nombre); celui du milieu, qui est le

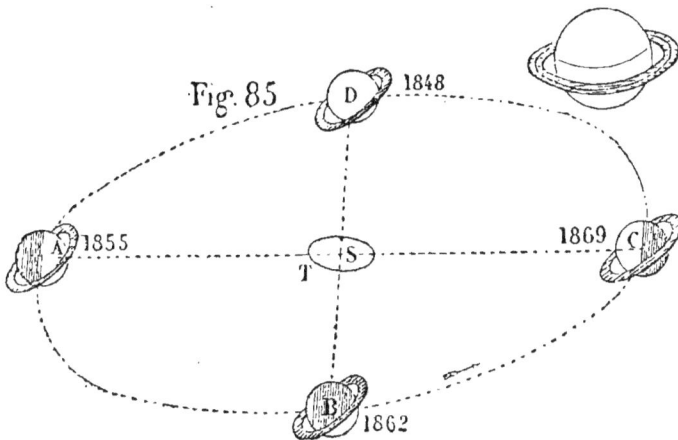

Fig. 85

plus brillant, est bien détaché de l'anneau extérieur,
mais touche presque l'autre.

Comme l'anneau est dans le plan de l'équateur de la
planète et que ce dernier fait avec le plan de l'orbite un
angle de 26°, comme en outre le plan de l'orbite de
Saturne coïncide presque avec celui de l'écliptique (leur
angle est de 2° 1/2), il s'ensuit que dans deux positions
de Saturne diamétralement opposées, les rayons allant
de la Terre au centre de la planète tombent au-dessous

(en A) ou au-dessus (en C) de l'anneau et font avec lui
le plus grand angle possible, de 26° environ ; aussi l'anneau nous offre alors sa plus grande largeur ; tandis que
lorsque la planète occupe les positions B et D (la droite
BD étant perpendiculaire sur AC), les rayons qui
vont de la Terre à la planète arrivent dans la direction
de l'équateur ou de l'anneau, et ce dernier ne se présente
plus à nous que par sa tranche qui est, je vous l'ai dit,
fort peu épaisse, il est alors invisible. Les deux dernières disparitions de l'anneau ont eu lieu en 1848 et
1862, à 14 ans de distance, puisque la révolution de
Saturne autour du Soleil s'effectue en 29 ans; au contraire, en 1855 et 1869, l'anneau a offert ses plus grandes
largeurs. Vous voyez que l'explication précédente est en
tout analogue à celle que je vous ai donnée pour vous
montrer les variations de direction des rayons du Soleil
par rapport à notre équateur pendant notre révolution
autour de cet astre.

Quant à l'origine probable des anneaux de Saturne,
elle serait la même que celle qui a été assignée par
Laplace à la formation de nos planètes dans son ingénieuse genèse de notre monde solaire; je vous la ferai
bientôt connaître.

On sait peu de chose sur *Uranus*. Elle a été découverte en 1781 par sir W. Herschell. Cette planète est
75 fois plus grosse que la Terre. Elle met 84 ans à effectuer sa révolution autour du Soleil. On n'a pu reconnaître si elle tournait sur elle-même, mais c'est probable.
Elle est à une distance du Soleil double de celle de

Saturne. Enfin Herschell lui a trouvé six satellites ; mais deux seulement ont été observés par d'autres astronomes ; ils ne peuvent être vus qu'à l'aide des plus puissants télescopes.

On sait encore moins sur *Neptune ;* tout ce qu'on peut dire, c'est qu'elle est 86 fois plus grosse que la Terre, que sa distance au Soleil est 30 fois celle qui nous sépare de cet astre et qu'elle effectue sa révolution en 165 ans. Cette planète a été découverte par M. Le Verrier, en 1846 ; ne pouvant expliquer les perturbations d'Uranus par les actions combinées de Jupiter et de Saturne, cet habile astronome calcula la masse et la position qu'il faudrait supposer à une planète pour qu'elle produisît ces résultats ; il a ainsi trouvé, au bout de sa plume, la planète qui, d'après ses indications, a été observée un mois plus tard par M. Galles, astronome de Berlin.

Je terminerai cette rapide monographie des planètes en vous lisant une page que j'extrais de l'ouvrage de M. Lecouturier, intitulé : *Panorama des mondes.*

« Si l'on veut se faire une idée des rapports de grandeurs et de distances qui existent entre les différentes parties du système solaire, on choisira un vaste terrain bien uni, et on placera au milieu un globe d'environ 65 centimètres de diamètre ; ce globe représentera le Soleil et sera le centre des diverses orbites planétaires.

Qu'on trace alentour une circonférence de 40 mètres de diamètre, et qu'on place dessus un grain de millet, on aura l'image comparative de Mercure et de son orbite par rapport au Soleil.

Qu'on place un pois sur une circonférence de 70 mètres de diamètre, ce sera l'image de Vénus et de son orbite.

La Terre avec son orbite sera représentée par un pois un peu plus gros placé sur une circonférence de 100 mètres de diamètre.

Mars sera une forte tête d'épingle, et son orbite une circonférence d'un diamètre de 160 mètres.

Le groupe des planètes télescopiques sera représenté par 60 (aujourd'hui 146) petits grains de sable placés sur autant d'orbites formées de circonférences entrelacées et d'un diamètre de 270 à 290 mètres.

Jupiter sera une belle orange, et son orbite une circonférence de 520 mètres de diamètre.

Une bille de billard représentera Saturne, et une circonférence de 1000 mètres de diamètre son orbite.

Uranus aura pour image une grosse cerise, et son orbite une circonférence de 1960 mètres de diamètre.

Enfin Neptune sera représentée par une prune, et son orbite par une circonférence de 3000 mètres de diamètre environ. »

DIX-HUITIÈME SOIRÉE

Les comètes. — Ont-elles une lumière propre? — Elles ne sont pas des météores. — Orbites elliptiques. — Comètes périodiques. — Constitution physique des comètes. — Aérolithes. — Étoiles filantes, leur identité avec les comètes.

— Avons-nous terminé l'étude de notre système planétaire? me dit Albert en m'abordant.

— Les planètes, répondis-je, sont certainement les corps les plus importants du petit coin de l'univers que nous habitons; mais ce ne sont pas les seuls : beaucoup d'autres sillonnent en tous sens cette portion de l'espace; je veux parler des comètes, des aérolithes et des étoiles filantes.

Les *comètes*, ou astres chevelus (χομήτης), sont ainsi appelées parce qu'ordinairement elles se présentent sous la forme d'un point assez brillant, semblable à une étoile ou à une planète, le *noyau*, entouré d'une nébulosité plus ou moins étendue, la *chevelure*. Le noyau et la chevelure forment la *tête* de la comète; car, le plus souvent, elle est accompagnée d'une longue traînée lumineuse de forme très-variable; les *queues* sont quelquefois rectilignes, d'autres fois courbées en croissant, d'autres fois enfin étalées en éventail. De plus, la disposition de la queue d'une comète ne reste pas la même pendant toute la durée de l'apparition de cet astre, mais elle se modifie sans cesse : ainsi la comète de Halley qui, le 28 octobre 1835, avait une queue droite et allongée, devenait presque circulaire le 27 janvier 1836 et se réduisait le 3 mai de la même année à une petite nébulosité. On cite des comètes qui avaient de fort longues queues : la queue de la comète de l'an 371 avant Jésus-Christ, dont parle Aristote, occupait un tiers d'hémisphère ou 60°; celle de 1618 avait, dit-on, 140° de longueur et celle de 1680 couvrait 90°, c'est-à-dire la moitié du ciel. Au contraire, d'autres comètes, même très-brillantes, avaient des queues fort courtes; d'autres enfin n'en avaient pas du tout, et c'est, du reste, ce qui arrive ordinairement pour les comètes télescopiques, c'est-à-dire qui ne sont pas visibles à l'œil nu.

— Les comètes ont-elles une lumière propre?

— C'est une question qui est loin d'être résolue. Arago croyait que les comètes ne sont pas lumineuses par elles-mêmes, et que, comme le font les planètes, elles nous renvoient une partie de la lumière qu'elles reçoivent du Soleil. Pour légitimer cette opinion, il prouva que les rayons lumineux de ces astres jouissent des propriétés optiques qui caractérisent la lumière réfléchie

Comète de Halley Fig. 86

28 Octobre 1835

27 Janvier 1836

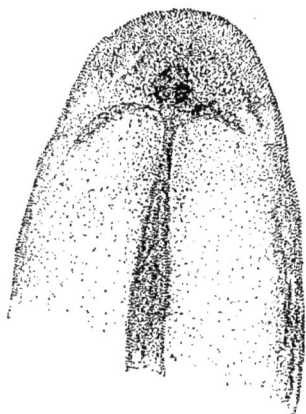

11 Février 1836

3 Mai 1836

spéculairement, et que les physiciens appellent *polarisée.*
Il avait, du reste, eu soin d'établir au préalable que la

lumière réfléchie par les molécules d'une substance gazeuse, la lumière crépusculaire, par exemple, était analogue à celle qui a frappé un miroir. Toutefois, observant que les corps, en devenant incandescents, ne perdent
pas pour cela la propriété de réfléchir la lumière, le
célèbre astronome hésitait à se prononcer d'une manière absolue; mais une autre considération des plus
ingénieuses lui parut de nature à établir son assertion
d'une façon péremptoire. « J'ai démontré tout à l'heure,
dit Arago, qu'un corps lumineux par lui-même doit
avoir, soit à l'œil, soit dans une lunette déterminée,
exactement le même éclat, quelle que soit la distance à
laquelle il se trouve placé par rapport à l'observateur.
Je viens de prouver, d'un autre côté, que la visibilité
d'un corps ne dépend pas de l'angle qu'il sous-tend, du
moins tant que cet angle ne descend pas au-dessous de
certaines limites. Cela posé, il ne nous reste plus qu'à
résoudre expérimentalement ces questions : De quelle
manière une comète disparaît-elle? Cette disparition est-
elle la conséquence d'une diminution excessive dans les
dimensions apparentes de l'astre, provenant d'un grand
accroissement dans sa distance à la Terre? Ne faut-il
pas plutôt l'attribuer à un changement d'intensité? Eh
bien! tous les astronomes répondront que cette dernière cause de disparition est la véritable. La plupart
des comètes observées, celle de 1680 en particulier, ont
disparu par un affaiblissement graduel de leur lumière.
Elles se sont pour ainsi dire éteintes. La veille du jour
où l'on cessait de pouvoir les observer, elles sous-ten-

daient encore des angles très-sensibles. Ce mode de disparition, je l'ai longuement prouvé, est inconciliable avec l'existence d'une lumière propre. Les comètes empruntent donc leur lumière au Soleil. »

Cette opinion d'Arago était généralement admise lorsque, dans ces derniers temps, l'analyse spectrale appliquée à quelques comètes a conduit M. Huggins, le P. Secchi et M. Wolf à des conclusions différentes.

Ajoutons, toutefois, que les résultats obtenus par ces astronomes sont peu d'accord entre eux et que, par conséquent, la question est loin d'être résolue. M. Huggins, qui a fait l'analyse de la comète I de 1866, croit pouvoir conclure que la lumière de la chevelure de cette comète est différente de celle du petit noyau ; que le noyau est lumineux par lui-même, et que la matière dont il se compose est à l'état de gaz en ignition ; enfin que, comme on ne peut supposer que la chevelure consiste en une matière solide incandescente, le spectre continu de la lumière indique comme probable que cette chevelure est simplement éclairée par la lumière du Soleil. Le P. Secchi tire de l'examen de ce même spectre et de celui de la comète de Brorsen cette conséquence que les comètes doivent être rangées parmi les nébuleuses. Enfin, M. Wolf déduit de l'analyse spectrale de la comète de Winnecke la conclusion que la lumière de cette comète se rapproche plutôt de celle de certaines étoiles (troisième type du P. Secchi) que de celle des nébuleuses.

Je vous ai dit que les comètes erraient au travers

16

de notre système planétaire. C'est Tycho-Brahé qui, le premier, prouva qu'elles étaient beaucoup plus éloignées que la Lune. Aristote les considérait comme des météores engendrés dans l'atmosphère, comme des exhalaisons qui s'enflammaient dans les plus hautes régions de l'air ; Képler lui-même disait : « Puisque la mer a ses baleines et ses monstres, il est naturel que l'air ait ses monstres et ses comètes, corps informes engendrés de son excrément par une faculté animale. »

— Vous oubliez de me dire comment Tycho-Brahé établit que les comètes sont des astres.

— Vous savez, mon ami, que le rayon de la Terre est infiniment petit quand on le compare à celui de la sphère céleste. Dès lors, si eac', EAE' sont les équateurs terrestre et céleste, les deux horizons sensible HH' et rationnel EE' se confondent, et le temps pendant lequel un astre décrivant l'équateur céleste est au-dessus de l'horizon, le temps pendant lequel il parcourt l'arc HAH', est identiquement le même que celui qu'il lui faudrait pour décrire EAE' ; il est de 12 heures sidérales. Mais si l'on considère la Lune qui est, elle aussi, sensiblement dans le plan de l'équateur, comme son éloignement n'est que de 60 rayons terrestres, on ne peut plus négliger la distance des deux horizons qui est d'un rayon terrestre, et il faut à la Lune pour parcourir, dans le mouvement diurne, l'arc LL″L', c'est-à-dire depuis son lever jusqu'à son coucher, moins de temps ($12^h 17^m$) que celui qui lui est nécessaire pour décrire $lL″l'$ ou la moitié d'un jour lunaire ($12^h 25^m$). Les 8 mi-

nutes de différence représentent le double du temps
qu'il lui faut pour parcourir l'arc *l*L; on en conclut

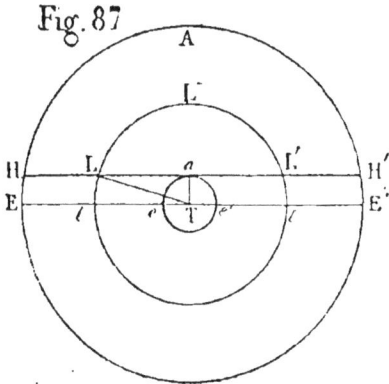

Fig. 87

donc que l'arc *l*L étant parcouru en 4 minutes est de 1°,
ou que l'angle *l*TL ou son égal TL*a*, parallaxe de la
Lune, est sensiblement de 1° (nous avons trouvé précédemment 57′). Eh bien! Tycho-Brahé, ayant appliqué
ce procédé à la comète de 1577, vit que ce corps n'avait
pas de parallaxe diurne, c'est-à-dire qu'il était beaucoup plus éloigné de nous que la Lune. Cette découverte
avait une importance capitale; elle achevait, dit Fontenelle, de casser tout l'univers, tous les cieux cristallins
des anciens.

Les mouvements des comètes sur la sphère céleste
sont, en apparence, très-irréguliers et capricieux, mais
ils deviennent fort simples quand on les rapporte au
Soleil; on trouve que, comme les planètes, elles décri-

vent autour de lui des ellipses dont il occupe le foyer.
Seulement, ces ellipses planétaires sont, vous le savez,
presque circulaires, tandis que celles des comètes sont
très-excentriques, au point même de dégénérer presque
en paraboles. Aussi ces astres ne sont-ils visibles que
lorsqu'ils sont suffisamment rapprochés du Soleil, et,
par suite, de nous. Supposez une table elliptique très-
longue, située dans un lieu privé de lumière; placez
un flambeau sur l'un des foyers de cette ellipse; tenez-
vous auprès du flambeau, et imaginez un petit insecte
qui ferait le tour de la table en marchant le long de son
bord; vous ne verriez cet insecte qu'au moment où il
passerait très-près du flambeau; le flambeau, dans cette
circonstance, représenterait le Soleil, votre œil serait la
Terre et l'insecte la comète.

On doit faire remonter à Newton la découverte du
mouvement elliptique des comètes. Ayant démontré que
les corps de notre système planétaire soumis à la gravitation universelle devaient décrire autour du Soleil
une section conique quelconque (ellipse, parabole, hy-
perbole), « il aperçut de suite, dit sir John Herschel, la
possibilité d'appliquer cette proposition générale au cas
des orbites cométaires, et la grande comète de 1680,
une des plus remarquables, à cause de l'immense longueur de sa queue et de la grande proximité du Soleil
à laquelle elle est parvenue (un sixième du diamètre de
cet astre), lui fournit une excellente occasion d'éprouver
sa théorie. Un succès complet couronna son attente. Il
reconnut que cette comète avait décrit autour du Soleil

comme foyer une orbite elliptique, si excentrique qu'on ne pouvait la distinguer d'une parabole, et que sur cette orbite les aires décrites autour du Soleil étaient, comme dans les ellipses planétaires, proportionnelles aux temps. »

Ces beaux résultats engagèrent Halley, contemporain et ami de Newton, à poursuivre ces intéressantes études. « D'après la théorie de Newton [1], il forma des procédés commodes pour le calcul d'une comète dont la parabole est donnée; il les appliqua d'abord aux comètes qui avaient été les mieux observées; peu à peu il étendit ces recherches à toutes celles dont il put découvrir quelques observations, jusqu'à ce que, en 1705, il se trouva avoir formé une table de vingt-quatre comètes, qu'il publia dans les *Transactions philosophiques* (n° 297). En comparant entre elles ces vingt-quatre comètes, M. Halley aperçut que celles de 1531, 1607 et 1682 avaient des orbites fort approchantes les unes des autres, la ressemblance se trouva même assez frappante pour lui faire espérer qu'on reverrait encore cette comète en 1758. » Cependant, comme entre l'apparition de 1531 et celle de 1607 il s'était écoulé soixante-seize ans, et qu'entre celles de 1607 et 1682 il ne s'en était écoulé que soixante-quinze, Halley s'était demandé si la période qui suivrait serait de soixante-quinze ou soixante-seize ans, c'est-à-dire si la comète reparaîtrait en 1757 ou 1758; un grand nombre de savants, Wiston, de Chéseaux, de l'Isle, Pin-

1. Rapport de Lalande, 1759.

16.

gré, s'occupaient de cette question ; mais Clairaut, aidé de Lalande et de Mlle Lepaute, l'attaqua avec plus de hardiesse et calcula les perturbations que Jupiter avait dû apporter à la marche de la comète, alors qu'elle était très-près de cette planète en 1681 et 1683. Après un long travail, il annonça qu'on devait estimer la période nouvelle à un peu plus de soixante-seize ans et placer le retour prochain de la comète vers la fin de 1758 ou au commencèment de 1759. Elle fut en effet aperçue, par un paysan de Dresde, le 25 décembre 1758. La prédiction de Halley se trouva ainsi réalisée, et l'identité des comètes de 1531, 1607, 1682, établie d'une manière incontestable. La durée de la période étant de soixante-quinze ou soixante-seize ans, elle devait reparaître et elle a effectivement paru en 1835 ; sa prochaine apparition aura lieu en 1911.

Il y a encore sept autres comètes périodiques dont on est parvenu à assigner les retours. Je ne ferai que vous les citer, ce sont : 1° la comète d'Encke, astronome de Gotha ; elle fut découverte en 1818, à Marseille, par M. Pons ; mais M. Encke en détermina les éléments, et trouva qu'elle mettait trois ans trois dixièmes à décrire son orbite ; cette petite durée de la révolution a fait appeler cette comète, comète à courte période ou de 1200 jours. 2° La comète aperçue par Biéla à Josephstadt en Bohême le 27 février 1826 et étudiée par Gambart ; sa révolution s'accomplit en 6 ans $\frac{3}{4}$; à son apparition au mois de décembre 1845, elle s'était dédoublée ; on a vu deux comètes semblables très-voisines l'une de l'autre, et décrivant sensiblement l'orbite assignée à la planète primitive ; ce dédoublement a persisté à son apparition en 1852 ; mais la comète n'a pas été revue depuis cette époque. 3° La comète de Faye, découverte par cet astronome le 22 novembre 1843 à l'Observatoire de Paris ; elle parcourt son orbite en 7 ans $\frac{1}{2}$. 4° La comète découverte par M. Brorsen, à Kiel, le 26 février 1846 ; sa période est de 5 ans $\frac{1}{2}$; on a attendu en vain son retour en 1851, mais elle a reparu en 1857 ; de même, personne ne l'a aperçue en 1862, mais on l'a revue en 1869. 5° La comète d'Arrest, découverte à Leipsick et dont la période est de 6 ans, 4. 6° La comète de Tuttle, aperçue par cet astronome, à Cambridge (États-Unis), le 4 janvier 1858 ; M. Bruhns en a déterminé les éléments elliptiques, et a fixé la durée de la révolution à 13 ans $\frac{2}{3}$. 7° Enfin la comète découverte, le 8 mars 1858, par M. Winnecke, à l'Observatoire de Bonn ; elle effectue sa révolution en 5 ans $\frac{1}{2}$.

On a cru pendant longtemps que la brillante comète de 1556 [1] décrivait une ellipse très-excentrique en trois cents ans à peu près, et devait reparaître vers 1860 ; mais on l'attend encore.

---

1. « L'empereur Charles-Quint vit dans la comète de 1556 un signe céleste qui venait l'avertir de se préparer à la mort. Une pareille observation peut trouver son excuse dans l'imperfection où étaient les connaissances astronomiques au milieu du seizième siècle, dans les préjugés dont les hommes étaient alors imbus, dans le peu d'attention que, durant sa vie agitée, le souverain de tant de royaumes put accorder à des questions de science. » ARAGO.

—Ainsi, observa Albert, les comètes ont de grandes analogies avec les planètes.

— Sans doute, répliquai-je ; nous sommes presque autorisés à admettre qu'elles décrivent *toutes* autour du Soleil des ellipses, très-excentriques il est vrai, en obéissant aux lois de Képler ; à ce point de vue elles ressemblent donc beaucoup aux planètes ; mais il y a aussi de grandes différences entre ces corps célestes. Ainsi, tandis que les planètes se meuvent toujours sur leurs orbites dans le même sens, le sens direct, les comètes marchent, au contraire, tantôt dans le sens direct, tantôt dans le sens rétrograde ; de plus, tandis que les plans des orbites planétaires sont très-peu inclinés sur celui de l'écliptique, ceux des orbites cométaires offrent toutes les inclinaisons possibles. Enfin, ce qui surtout distingue les comètes, c'est leur constitution physique.

Je vous ai déjà parlé de l'aspect que présentent ces corps, mais je crois bon de vous donner sur ce sujet de plus longs développements et je ne puis mieux faire que de les emprunter textuellement à l'excellente *Cosmographie* de M. Faye :

« Les comètes sont loin d'avoir une forme géométrique et invariable comme les planètes ou les satellites. Quand elles sont encore très-éloignées du Soleil, elles ne présentent qu'une vague nébulosité ronde ou ovale dont le faible éclat diminue plus ou moins rapidement du milieu vers les bords. La partie centrale plus brillante porte le nom de noyau ; quand on l'examine avec une faible lunette, il donne en effet l'idée d'un corps solide et rond qui serait entouré de la nébulosité comme d'une gigantesque atmosphère. Mais si on examine ces prétendus noyaux cométaires à l'aide de lunettes un peu plus fortes, toute apparence de corps solide s'évanouit ; on n'y voit jamais qu'une nébulosité plus condensée, par suite plus brillante que le reste[1]. Cette apparence de noyau est d'ailleurs un indice certain que les molécules des comètes exercent une attraction mutuelle et tendent à se rapprocher, à former un corps un peu plus compacte. La forme toujours globulaire des comètes très-éloignées confirme cette déduction. C'est, en effet, la forme vers laquelle doit tendre, en général, un amas de molécules libres de céder à leurs attractions mutuelles. Tant qu'une force étrangère ne vient pas troubler le jeu naturel des attractions intérieures, les diverses parties s'assemblent peu à peu, tout autour de leur commun centre de gravité, en couches concentriques plus ou moins homogènes dont la densité va en croissant vers le centre.

« Dans les comètes, la matière est disséminée à un point dont aucune substance terrestre ne peut donner l'idée. La plus légère fumée, le brouillard même, la brume légère qui vogue dans l'air par une belle journée d'automne, sont incomparablement plus denses[2], car ils affaiblissent et éteignent toujours en partie les rayons

1. Le 9 novembre 1795, W. Herschell distingua parfaitement, au centre de la nébulosité de la comète de Encke, une étoile tellement petite qu'elle devait être de 20ᵉ grandeur.
2. Babinet appelle les comètes des *Riens visibles*.

de lumière qui les traversent; quelques centaines ou quelques milliers de mètres d'épaisseur transformeront

Fig. 88

toujours la moindre brume en un voile opaque. Mais les comètes, dont le volume énorme est bien plus comparable à celui du Soleil qu'à ceux des planètes, laissent passer la lumière sans affaiblissement notable ; on voit luire comme à l'ordinaire de petites étoiles à travers des épaisseurs de matière de plusieurs milliers de lieues. Si les comètes étaient formées d'un gaz très-transparent, comme l'air qui entoure notre globe, on s'expliquerait, jusqu'à un certain point, le peu d'obstacle qu'elles opposent à la transmission des rayons lumineux ; mais alors il faudrait leur reconnaître un pouvoir réfringent quelconque, comme à l'air et à toutes les atmosphères formées de gaz ou de vapeurs. Or, les comètes ne réfractent pas les rayons de lumière qui les traversent, même dans cette partie plus dense qu'on appelle noyau. On voit par là combien peu les effets mécaniques du choc d'une comète[1] contre la Terre sont

1.   Les Comètes échevelées,
        Qui fendent l'air d'un vol brûlant,
        Égarent leurs sphères ailées

à redouter; la moindre toile d'araignée opposerait peut-être plus d'obstacle à une balle de fusil. A quel état physique faut-il donc rapporter la matière de ces astres singuliers qui ne sont ni solides, ni liquides, ni même gazeux? Nous l'ignorons complétement.

« Cependant les comètes ne sont point de purs fantômes; elles sont formées d'une substance qui réfléchit la lumière du Soleil et qui obéit aux lois de la mécanique comme toute autre matière de notre système. Leur centre de masse ou de gravité, auquel s'appliquent les lois de Képler, est sans doute au milieu du noyau, c'est-à-dire dans la partie la plus brillante; c'est aussi ce point que l'on observe et dont on détermine la trajectoire.

« A mesure qu'une comète se rapproche du Soleil, son éclat augmente; en même temps sa forme primitive s'altère. La nébulosité s'allonge de plus en plus, dans le sens du rayon vecteur, c'est-à-dire de la droite menée du centre du Soleil au noyau de la comète. C'est ainsi que la partie liquide du globe terrestre s'allonge sous l'influence de l'attraction lunaire ou solaire. Mais, à la

> Aux yeux du vulgaire tremblant.
> Il craint que leur fatale route
> N'embrase la céleste voûte,
> Et ne *détruise l'Univers;*
> Mais à l'œil pensant d'Uranie,
> Leur désordre est une harmonie
> Qui repeuple les cieux déserts.
>
> (LEBRUN, Ode sur l'enthousiasme.)

différence des marées, qui se produisent en deux sens
diamétralement opposés, l'allongement de la nébuleuse
ne s'effectue, en général, que dans la direction opposée
au Soleil[1]. Souvent cet allongement devient énorme :
il se forme alors une queue dont la longueur atteint
des proportions gigantesques. Les queues des comètes
prennent les formes les plus variées; les unes sont
droites, d'autres sont recourbées; les unes ont partout la même largeur, d'autres s'épanouissent en éventail. Des comètes ont eu plusieurs queues divergentes,
partant du point où se trouve le noyau. On ne finirait
pas de décrire toutes les variétés de forme que les comètes présentent dans leurs cours. Mais toutes ces
queues ont ceci de commun : tant que la comète n'est
pas trop allongée, elle offre l'aspect d'un corps dont les
parties sont plus ou moins solidaires entre elles; dès
que la queue paraît, cette solidarité est détruite, une
partie de la nébulosité s'échappe ou s'écoule en fusant,

1. Depuis la publication de sa *Cosmographie*, M. Faye a présenté
à l'Académie des sciences (9 octobre 1871) un savant mémoire dans
lequel il considère les queues des comètes comme dues à une action
répulsive du Soleil dont la nature n'est pas encore définitivement
connue. Cette force, qu'il appelle *répulsion des surfaces incandescentes*, varierait en raison des surfaces et non en raison des masses
comme l'attraction; elle pourrait être interceptée par les corps
comme par un écran, tandis que l'attraction agit à travers toute
matière; sa propagation dans l'espace libre ne serait pas instantanée
comme celle de l'attraction, mais successive comme celle de la
lumière et de la chaleur; enfin, elle ne serait pas indépendante,
comme l'attraction, de l'état physique du corps qui l'exerce, car le
Soleil paraît bien en être seul doué dans notre système.

pour ainsi dire, par le bout opposé au Soleil. Cette extré-
mité-là n'est jamais nettement terminée : elle s'efface

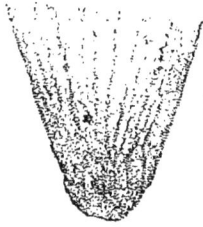

Fig. 89

peu à peu par dégradation insensible. L'autre bout, où
le noyau se trouve enveloppé dans la nébulosité, porte
le nom de tête de la comète. La tête est la partie la plus
brillante; elle a des contours moins vagues et se des-
sine plus nettement sur le fond du ciel.

« Cependant on voit quelquefois des comètes qui fu-
sent par les deux bouts à la fois; la tête présente alors
des aigrettes plus ou moins divergentes, assez semblables
à la queue proprement dite.

« Les anciens donnaient à ces aigrettes le nom de
barbe; ils appelaient *chevelure* la portion de nébulosité
qui entoure le noyau.

« La matière que les comètes disséminent ainsi par
leurs queues sur des espaces de vingt, trente, quarante
millions de lieues, cesse évidemment de faire corps avec
elles, puisque la faible masse du noyau ne saurait exercer une attraction sensible à de telles distances. Mais
cette matière ne reste point à vaguer au hasard dans

17

les espaces célestes, comme feraient des grains de poussière voltigeant dans l'air. Loin de là, chaque molécule
poursuit isolément sa route, décrit sa parabole ou son
ellipse particulière, et va se perdre (pour nos yeux)
dans l'immensité de l'espace, sans cesser un moment
d'obéir aux lois de Képler.

« Après s'être approchées du Soleil, en parcourant une
des branches de leur trajectoire parabolique avec une rapidité croissante, les comètes s'éloignent avec une vitesse
décroissante par l'autre branche. Alors des phénomènes
analogues se produisent en ordre inverse, et même on
dirait que la chaleur solaire joue un rôle capital dans la
formation des queues, car c'est ordinairement après
leur passage au périhélie que les comètes développent
ces queues gigantesques qui causèrent autrefois tant
d'épouvante. Mais, après comme avant le passage au
périhélie, la queue est toujours à l'opposite du Soleil;
elle suit la comète quand celle-ci se meut vers le Soleil;
elle précède la comète quand celle-ci s'éloigne.

« L'éclat des comètes diminue rapidement à mesure
qu'elles s'éloignent du Soleil. Bientôt elles deviennent
invisibles à l'œil nu; puis elles disparaissent même
pour l'œil armé des plus puissants télescopes. Il est
peu d'exemples qu'une comète soit restée visible à la
distance de Jupiter, dans des régions où les planètes
brillent encore d'un vif éclat. C'est une preuve de plus
de l'extrême rareté de la matière dont ces astres sont
formés. »

J'ajouterai que non-seulement la substance des co-

mètes est excessivement rare, mais la masse totale de
ces corps est tellement faible que les plus grosses n'ont
pas produit de perturbation dans le mouvement des
planètes auprès desquelles elles ont passé. Ainsi, je
vous le répète, si la rencontre d'une comète avec la
Terre est possible[1], elle n'est du moins pas à craindre,
notre globe n'en éprouverait aucun choc, aucune secousse sensible.

— Je suis complétement rassuré à cet égard, dit
Albert, mais il me vient une idée; puisqu'il n'y a pas
d'impossibilité à ce que la Terre pénètre dans la queue
d'une comète, que même il est probable que cela a eu
lieu et bien des fois, un grand nombre de ces queues
ayant des longueurs prodigieuses de trente et quarante
millions de lieues, ne serait-on pas autorisé à admettre
que notre atmosphère a pu se vicier en se combinant
avec les vapeurs cométaires, et ne serait-ce pas à de
pareils mélanges qu'on pourrait attribuer les terribles
épidémies qui ont souvent décimé le monde?

— Votre idée, répondis-je en riant, n'est pas neuve.
Bien des savants, Grégory, Sydenham, Lubinietski, Fors-
ter, l'ont émise avant vous. Ce dernier a même fait un
très-long tableau où il a mis en regard de chaque comète
les malheurs qu'il lui imputait; mais Arago croit que
rien ne nous autorise à douer les comètes d'une action

---

1. Si la Terre eût été en avance d'un mois sur l'écliptique lors du
passage de la comète Biela, en 1832, il y aurait eu rencontre de ces
deux corps.

délétère, et il fait remarquer combien tant d'érudition a été dépensée en pure perte. Pourquoi, par exemple, la comète de 1665, qui produisit à Londres une effroyable peste, n'eut-elle aucune influence à Paris et même dans certaines villes d'Angleterre? N'est-ce pas aussi faire un inutile étalage d'érudition et même s'exposer à la risée des hommes sérieux, que de rendre les comètes responsables de faits tels que ceux-ci : lors de la comète de 1668, tous les chats furent malades en Westphalie ; celle de 1746 occasionna un tremblement de terre qui détruisit les villes de Lima et de Callao ; une troisième comète détermina la chute d'un aérolithe qui pénétra en Écosse dans une tour élevée et y brisa le mécanisme d'une horloge.... Toutes ces billevesées inspirent au célèbre astronome les réflexions suivantes et qui ne sont malheureusement que trop exactes :

« Écoutez, quand vous assisterez à l'une de ces brillantes réunions où affluent ceux qu'il est d'usage d'appeler les notabilités sociales, écoutez un seul instant les longs discours dont la future comète fournit le texte, et décidez ensuite si l'on peut se glorifier de cette prétendue diffusion des lumières que tant d'optimistes se complaisent à signaler comme le trait caractéristique de notre siècle. Quant à moi, je suis depuis longtemps revenu de ces illusions. Sous le vernis brillant et superficiel dont les études purement littéraires de nos collèges revêtent à peu près uniformément toutes les classes de la société, on trouve presque toujours, tranchons le mot, une ignorance complète de ces beaux phénomènes, de ces grandes lois de la nature qui sont notre meilleure sauvegarde contre les préjugés. »

Quant au rôle des comètes dans l'univers, nous l'ignorons absolument. Quelques physiciens cependant, n'imitant pas notre réserve, et partant de ce principe que rien ne doit être inutile, ont assimilé les comètes à des médecins ambulants chargés de la conservation des globes de l'univers[1]. Ces subtils docteurs seraient de deux espèces, les uns aqueux, les autres ignés : les premiers veilleraient seulement sur la santé des planètes, les seconds sur celle des soleils. Une planète viendrait-elle à se dessécher, la Faculté s'empresserait de lui envoyer une comète aqueuse; un soleil s'éteindrait-il, aussitôt une comète ignée viendrait à son secours. Certes, on ne peut imaginer une explication plus ingénieuse de l'utilité de ces corps célestes; malheureusement, malgré tout ce qu'elle a de séduisant, dans l'état actuel de la science nous ne pouvons y ajouter foi.

Enfin, vous présumez sans doute quelle serait ma réponse si on me demandait mon sentiment à propos de l'influence des comètes sur les récoltes et en parti-

---

1. Comètes, que l'on craint à l'égal du tonnerre,
   Cessez d'épouvanter les peuples de la Terre ;
   Dans une ellipse immense achevez votre cours :
   Remontez, descendez près de l'astre du jour ;
   Lancez vos feux, volez, et, revenant sans cesse,
   Des mondes épuisés *ranimez la vieillesse.*

   (VOLTAIRE, *Épître à Mme la marquise du Châtelet sur la philosophie de Newton.*)

culier sur les vendanges, je déclarerais hardiment que
je n'y crois pas.

J'ai maintenant à vous parler des aérolithes et des
étoiles filantes. Vous savez que les *aérolithes* (pierres
de l'air) sont des pierres qui tombent des régions supérieures de l'atmosphère sur la Terre. Ces chutes de
pierres ne sont pas contestées ; la liste en est longue,
on en connaît deux cent cinquante ; je me contenterai
de vous citer celle qui eut lieu le 26 avril 1803 aux environs de l'Aigle (Orne), celle qui fut observée à Jonzac
(Charente-Inférieure) le 13 juin 1819, et enfin le bolide
qui fut aperçu à Poitiers, dans la nuit du 13 au 14 mai
1831, et dont un fragment du poids de vingt kilogrammes
au moins fut trouvé le lendemain matin dans un champ
de Vouillé.

— Est-ce que ces pierres prennent naissance dans
l'air ?

— On le croyait autrefois, répondis-je, aussi les appe-
lait-on *pierres de foudre, pierres de tonnerre ;* on
pensait qu'elles étaient produites par le tonnerre, parce
que leurs chutes sont accompagnées de très-fortes dé-
tonations. Mais l'analyse d'un grand nombre de ces
corps a fait reconnaître que leur composition est toujours à peu près la même et qu'ils sont généralement
formés de silice, de magnésie, de soufre, de manganèse,
de fer, de nickel.... toutes substances étrangères à l'atmosphère. Il a donc fallu rejeter l'hypothèse que ces
pierres se formaient dans l'air. On a ensuite supposé
qu'elles étaient lancées par la Lune ; Laplace a en effet

trouvé, par le calcul, que des corps projetés par des volcans lunaires, en leur supposant la même force d'explosion qu'à ceux de la Terre, pouvaient nous atteindre s'ils avaient une direction convenable. D'autres ont attribué la production des aérolithes aux éruptions volcaniques terrestres; mais certains lieux où ils sont tombés sont trop éloignés de volcans pour que cette hypothèse soit admissible.

— Mais alors, d'où viennent-ils donc? s'écria Albert.

— Chladni est le premier qui ait assigné aux aérolithes leur véritable origine[1]. « Tout me semble prouver, dit-il dans un mémoire intitulé : *Réflexions sur l'origine de diverses masses de fer natif, et notamment de celle trouvée par Pallas en Sibérie*, 1794, que ces masses de fer ne sont autre chose que la substance des *bolides* ou globes de feu.... On sait que notre planète est composée de divers principes, soit terreux, soit métalliques ou autres, parmi lesquels le fer est un des plus répandus. On conjecture aussi que les autres corps célestes sont formés de matières analogues, ou même tout à fait semblables, quoique mêlées et probablement modifiées d'une manière très-variée. Il doit, de même, se trouver dans l'espace beaucoup de matières grossières rassemblées en petites masses, sans tenir à aucun des corps célestes proprement dits, et qui, étant mises en mouvement par des forces projectives ou attractives,

1. Notice de M. Delaunay, insérée dans l'annuaire du Bureau des longitudes, 1870.

continuent d'avancer jusqu'à ce qu'arrivant aux limites de la sphère d'activité de la Terre ou de tout autre corps céleste, ces matières soient déterminées à s'y précipiter par l'action de la pesanteur. Leur mouvement, d'une rapidité extrême, étant encore accéléré par la force d'attraction de la Terre, doit nécessairement, au moyen du *frottement* des molécules de l'air, exciter dans une telle masse un degré de chaleur et d'électricité capable de la mettre dans un état d'incandescence, et d'y développer beaucoup de vapeurs et de fluides aériformes, qui, augmentant rapidement son volume, doivent finir par la faire crever, lorsqu'elles l'ont distendue excessivement. »

Cette théorie de Chladni est universellement admise; toutefois, l'incandescence et l'explosion des bolides sont attribuées à d'autres causes. Déjà en 1811, Benzenberg pensait que « l'incandescence était plutôt due à la *compression* de l'air, de même que dans nos briquets, d'invention récente, où l'air produit du feu par le seul fait de la compression ». Le célèbre physicien, M. Régnault, est arrivé à formuler la même conclusion, à la suite d'expériences faites en 1854 sur la détente des gaz. « Lorsque, dit-il, un mobile traverse l'air avec une vitesse plus grande que celle du son, l'élasticité de l'air est annulée dans ses effets, et la compression produite par le mobile n'a pas le temps de gagner les couches contiguës avant que celles-ci soient comprimées à leur tour par le mobile. Par suite de cette inertie, l'air se trouve comprimé comme il le serait dans un briquet à

air. La chaleur provenant de cette compression passera
en grande partie dans le mobile dont elle élèvera la
température. Le mobile ne sera d'ailleurs pas influencé
par la détente de l'air qui produit du froid, car cette
détente ne se fera que quand il aura passé. Ainsi, suivant moi, le mobile marchant avec la même vitesse, re-
cueillera toujours la chaleur qu'il dégage en comprimant
l'air, et il ne subira pas le refroidissement produit par
la détente subséquente des couches d'air qu'il vient de
traverser. Il est évident, d'ailleurs, que la compression
de l'air sera d'autant plus énergique que le mobile sera
doué d'une plus grande vitesse; la température du mobile s'élèvera donc successivement jusqu'à ce qu'elle
soit égale à celle que prend une couche d'air qui subit
instantanément la même compression dans le briquet à
air. On explique ainsi très-bien la très-haute température que prend un bolide qui traverse notre atmosphère
avec une vitesse beaucoup plus considérable que la vitesse de propagation du son. Ajoutons que la fusion
superficielle du bolide résultant de cette très-haute température, et même la volatilisation des parties les plus
fortement échauffées, doivent naturellement donner
naissance à un entraînement incessant des parcelles ren-
dues fluides par l'air qui s'échappe en glissant sur tout
le contour du corps mobile, d'où les traînées lumineuses
que les bolides laissent derrière eux, et qui, pendant le
jour, prennent l'aspect de simples fumées.... On comprend d'ailleurs que l'échauffement rapide et tout superficiel du mobile, depuis son entrée dans l'atmosphère,

17.

en occasionnant des dilatations dans les couches voisines de la surface, tandis que le reste de la masse n'éprouve rien de pareil, doit amener des tiraillements intérieurs qui facilitent singulièrement la rupture. Dès qu'un fragment du bolide est ainsi détaché et devient un corps isolé, sa masse devenant trop petite pour qu'il continue à résister par lui-même, comme le bolide tout entier, à la pression dont il est l'objet, il cède à l'action de cette pression et est repoussé en arrière par l'air comprimé qui, en même temps, se dilate en raison de la facilité qui lui en est ainsi partiellement offerte. Il se produit là des circonstances absolument pareilles à celles qui se présentent dans nos bouches à feu, où une masse considérable de gaz, développée par l'inflammation presque instantanée de la poudre, se détend en repoussant le projectile solide qui fait obstacle à son expansion, puis, dès qu'elle atteint l'orifice de la bouche à feu, se répand rapidement et avec fracas dans l'atmosphère, en lançant en même temps le projectile avec une grande vitesse. Ainsi s'explique tout naturellement l'explosion si intense que l'on entend à la surface de la Terre et sur une grande étendue de pays. Divers fragments du bolide peuvent d'ailleurs être détachés en même temps ou presque en même temps, en différents points de sa masse; ces fragments eux-mêmes peuvent également être brisés et même quelquefois comme pulvérisés, en raison de leur forme et de leur peu de consistance, par la violence d'expansion du gaz qui les a séparés du reste du bolide : d'où les explosions multiples et plus ou moins prolongées que l'on entend si souvent lors de l'apparition des bolides. Lancées, comme nous venons de le dire, par l'expansion de l'air comprimé, et cela en sens contraire du mouvement qu'elles partageaient quelques instants auparavant avec le reste de la masse du bolide, ces parties fragmentaires perdent à peu près complétement la vitesse considérable dont elles étaient animées; et elles arrivent à la surface de la Terre avec des vitesses très-grandes encore, il est vrai, mais qui ne sont guère que les vitesses de chute de corps tombant d'une grande hauteur dans l'atmosphère. Enfin, l'air comprimé et très-fortement échauffé, qui a amené par sa pression résistante la rupture partielle du bolide, et qui s'échappe rapidement par les brèches qu'il s'est ainsi ouvertes, enveloppe complétement en se dilatant les divers fragments qu'il a détachés, et produit par son contact instantané cet échauffement et cette fusion superficiels, qui se manifestent par la croûte noire et mince des aérolithes et par leur chaleur si peu persistante au moment de leur chute. Tout se trouve ainsi expliqué dans le phénomène si complexe de l'incandescence et de l'explosion des bolides et des chutes d'aérolithes qui en sont la suite. » Quant à la nature de leurs trajectoires, elle n'est pas encore connue; cette recherche, en raison de la rareté et de la soudaineté des apparitions, présente les plus grandes difficultés.

Quelques mots encore sur les *étoiles filantes*. Chladni leur attribuait la même cause qu'aux bolides; selon lui, les petits corps auxquels seraient dues les étoiles filantes traverseraient des couches plus élevées de l'atmosphère avec une grande vitesse, et l'attraction terrestre serait incapable de déterminer leur chute. Mais on a observé que les étoiles filantes sont beaucoup plus nombreuses à certaines époques de l'année, tandis que les apparitions des bolides n'ont absolument rien présenté de particulier à cet égard ; aussi n'a-t-il pas été possible d'admettre pour ces corps une communauté d'origine, et l'opinion de Chladni a été abandonnée.

L'étude des étoiles filantes a eu d'adord pour objet la détermination de leurs hauteurs. Commencée, en 1798, par deux étudiants de l'université de Gœttingue, Brandes et Benzenberg, et continuée par Alexandre Herschell, H. A. Newton, le P. Secchi.... elle a donné le résultat suivant : la hauteur moyenne, au commencement de l'apparition, peut être estimée à 30 lieues, et, à la fin, à 20 lieues. On a ensuite cherché à découvrir la nature des orbites de ces météores, et comme, en raison de la rapidité de l'apparition, on ne pouvait l'obtenir par des procédés analogues à ceux que l'on suit pour les planètes et les comètes, et qui exigent l'observation de l'astre dans trois positions différentes et assez éloignées, on a eu recours à d'autres considérations, basées sur la fréquence plus ou moins grande des apparitions. Brandes, Coulvier-Gravier, Schmidt et R. Wolf ont en effet reconnu que le nombre des étoiles filantes est notablement plus grand pendant le second semestre de l'année que pendant le premier, et que c'est surtout vers le 10 août et le 12 novembre que le phénomène atteint son maximum d'intensité[1]; MM. Herrick, Coulvier-Gravier.... ont aussi observé que les apparitions sont plus nombreuses vers la fin de la nuit que vers le commencement. De telles relations entre la fréquence des étoiles filantes et les mouvements de translation et de rotation de la Terre devaient, vous le comprenez, suggérer l'idée d'une origine atmosphérique. Aussi M. Quételet pouvait-il dire dans sa *Physique du Globe*, publiée en 1861 : « Ce sont des phénomènes qui appartiennent à un autre milieu que celui dans lequel nous vivons, et qui cependant ne peuvent être étrangers à notre Terre. » Eh bien, chose très-curieuse, ce sont précisément ces variations annuelles et diurnes qui, au premier abord, paraissaient en opposition formelle avec la théorie cosmique des étoiles filantes qui ont permis de l'établir avec une grande certitude. Le temps me manque pour vous faire connaître les raisonnements qui ont conduit à cette conclusion, déjà formulée par Brandes, à savoir que les étoiles filantes sont dues à la rencontre que la Terre fait successivement d'un grand nombre de petits corps qui circulent dans les espaces célestes, et qui viennent à nous de tous côtés avec des vitesses absolues égales ou du moins à peu près égales.

Mais ces petits corps sont-ils, comme le voulait

---

1. Les étoiles filantes du mois d'août, qui rayonnent de la constellation Persée, s'appellent les *Perséides*, et celles de novembre, qui ont leur point radiant dans le Lion, sont les *Léonides*.

Brandes, de même nature que les bolides, en d'autres
termes des planètes minuscules? Je vous ai déjà dit
que non, et c'est ce qu'a démontré M. Schiaparelli dans
une série de lettres adressées au P. Secchi, dont la première date de 1866, et où il a établi nettement l'identité de la matière des étoiles filantes et de celle des
comètes. Il a en effet reconnu que l'essaim des Perséides constitue une très-longue traînée en forme parabolique, dont l'orbite est identique avec celle d'une
comète observée en 1862, et que celui des Léonides
parcourt aussi la même trajectoire que la comète de
Tempel, apparue au commencement de 1866. Tous ses
travaux et ceux de MM. Le Verrier et Peters sont ré-
sumés dans quelques pages pleines d'intérêt de la notice
de M. Delaunay; je terminerai notre entretien de ce
soir en vous en faisant la lecture : « Des amas de matière nébuleuse, disséminés dans les espaces stellaires,
et présentant un haut degré de diffusion, sont amenés,
par l'action prédominante du Soleil, à pénétrer à l'intérieur de notre système planétaire. Ils éprouvent en
même temps, soit par cette même action du Soleil, soit
par celle des grosses planètes près desquelles ils viennent à passer, une déformation progressive, en vertu
de laquelle ils s'allongent en courants paraboliques ou
elliptiques. En raison de leur diffusion extrême, la matière dont ils sont formés est loin d'occuper la totalité
de l'espace dans lequel sont disséminées leurs diverses
parties; mais elle est divisée en une multitude d'amas
partiels, sortes de flocons d'une excessive légèreté, qui

sont plus ou moins éloignés les uns des autres, et n'ont de commun que la simultanéité de leurs mouvements dans des directions et avec des vitesses qui diffèrent à peine de l'un à l'autre. Lorsque la Terre, dans son mouvement à travers l'espace, vient à rencontrer un de ces courants, un grand nombre des flocons vaporeux dont il se compose pénètrent dans notre atmosphère; la grande vitesse avec laquelle se fait cette pénétration donne lieu à une compression brusque et considérable des masses d'air situées sur la route de ces projectiles éthérés, d'où un grand développement de chaleur, et peut-être une inflammation de la matière des projectiles eux-mêmes, si cette matière est de nature à se combiner avec un des éléments de notre air atmosphérique : de là ces traînées lumineuses rapides que nous apercevons dans le ciel, et qui se terminent lorsque la température produite s'est suffisamment abaissée, soit par le ralentissement de ces petites masses gazeuses arrêtées dans leur course par l'atmosphère terrestre, soit par la cessation de leur combustion au milieu de cet air.

« Si, dans quelque partie de l'amas nébuleux primitif, et du courant dans lequel il se transforme, il existe une plus grande concentration de matière, de sorte que, par l'attraction mutuelle de ses molécules, la matière y résiste à une dissolution en flocons isolés, cette espèce de noyau nébuleux suivra dans l'espace la même route que les autres parties matérielles au milieu desquelles il était placé tout d'abord, et s'il peut être aperçu dans l'espace, à de grandes distances de notre Terre, il constituera pour nous une comète faisant partie du courant météorique formé par le reste de la matière de l'amas primitif. Nous avons vu que l'observation a déjà permis d'en constater plusieurs exemples.

« Un courant météorique qui rencontre l'orbite de la Terre en un point de son contour, et dont les diverses parties emploient plusieurs années à passer par ce point de rencontre, doit être traversé par la Terre chaque année à une même époque : de là les flux périodiques d'étoiles filantes qui se reproduisent d'année en année, avec une intensité variable, suivant le plus ou moins grand rapprochement des flocons de matière nébuleuse dans les diverses portions du courant que la Terre accoste successivement. Quant aux étoiles filantes, dites *sporadiques* (qui viennent accoster la Terre indistinctement de tous côtés), elles peuvent provenir, soit de flocons nébuleux arrivant isolément des profondeurs de l'espace, soit plutôt des parties des courants météoriques dont les diverses planètes approchent beaucoup sans cependant les absorber dans leurs atmosphères, et qui se trouvent dispersées de tous côtés par les puissantes attractions qu'elles éprouvent momentanément de la part de ces masses planétaires.

« La résistance que l'air oppose au mouvement de ces petites masses errantes qui nous apparaissent sous forme d'étoiles filantes, ne produit habituellement qu'un décroissement rapide de la vitesse dont elles sont animées; mais il peut se présenter exceptionnellement un défaut de régularité absolue dans le développement de cette résistance, ce qui amène ces changements de direction en vertu desquels les étoiles filantes paraissent quelquefois serpenter ou changer brusquement de route. Quant à l'action des courants atmosphériques, ou vents, à laquelle on a cru pouvoir attribuer ces sortes de perturbation du mouvement d'un petit nombre d'étoiles filantes, elle ne peut évidemment produire aucun effet sensible, en raison du peu de rapport qui existe entre la faible vitesse de ces courants atmosphériques et la vitesse énorme des petites masses errantes qui les traversent et qu'ils tendent à entraîner. »

DIX-NEUVIÈME SOIRÉE

Les étoiles. — Leur distance à la Terre. — Mouvements propres·
des étoiles. — Étoiles doubles, binaires. — Grandeurs des étoiles.
— Étoiles périodiques, temporaires. — Voie lactée. — Nébuleuses. — Le commencement et la fin du monde solaire.

— Nous venons de faire, mon cher Albert, une bien
longue promenade au travers des corps de notre système planétaire; nous avons visité avec soin les diverses
parties de cet édifice si simple et si bien construit, et
nous avons admiré l'harmonie qui en règle les moindres
détails; mais là ne doit pas se borner notre étude cos-
mographique. L'univers ne s'arrête pas aux confins de
notre monde planétaire, et l'orbe de Neptune n'en est
pas la limite extrême; il s'étend, au contraire, à des
distances prodigieuses.

— Il doit être bien difficile d'évaluer les distances

des étoiles, observa mon élève; nous avons eu déjà assez de peine pour obtenir celle du Soleil.

— C'est vrai, répondis-je; eh bien, cette peine, qui n'a pas été perdue, va encore recevoir une nouvelle récompense; car c'est la connaissance du diamètre de l'orbite terrestre qui va nous permettre de déterminer la distance de quelques étoiles. Ce diamètre, qui est de 74 000 000 de lieues, est en effet la plus grande base dont nous puissions disposer. A six mois de distance, nous occupons sur notre orbite (que, pour plus de simplicité, nous pouvons ici supposer circulaire) deux positions diamétralement opposées; qu'alors de ces points t, t' nous menions des droites allant à l'astre E, nous formerons un triangle tEt'; mais il n'est pas indifférent de considérer un diamètre quelconque; le meilleur est celui TT', qui est perpendiculaire à la

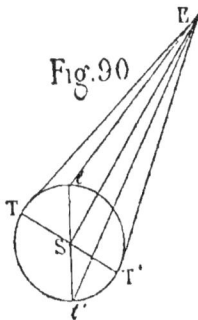

Fig. 90

droite SE; on démontre, en effet, que l'angle TET' est le plus grand possible. La moitié de ce dernier angle, ou TES, est la *Parallaxe annuelle* de l'astre; c'est, vous

le voyez, le complément de l'angle ETS, facile à évaluer. Eh bien, malgré cette précaution, la parallaxe annuelle est très-faible, toujours inférieure à 1″, et elle
n'a pu être déterminée que pour un très-petit nombre
d'étoiles; pour les autres, le triangle TET′ est *désavantageux*.

— Je comprends maintenant, dit Albert, comment on
peut obtenir la distance d'une étoile quand on connaît
sa parallaxe annuelle; on n'a qu'à refaire un calcul semblable à celui qui nous a donné la distance du Soleil.

— Précisément, répliquai-je, et puisque vous vous
en souvenez, faites-le donc; je vous écoute. Nous supposerons la parallaxe annuelle de 1″ juste, le calcul sera
plus tôt fait.

— Je le veux bien. D'abord, je commence par remarquer que l'angle TES étant très-petit, l'angle ETS,
qui en est le complément, est presque droit, donc le
triangle TES est isocèle, donc ET est égal à ES, et,
de plus, en raison de la petitesse de l'angle TES, TS
peut être regardé comme un arc de cercle décrit du
point E comme centre avec ET pour rayon; alors je dirai :

L'arc de 1″ de la circonférence
en question a pour longueur. . .   TS

L'arc 1′ de la circonférence est
60 fois plus grand ou. . . . . . $60 \times TS$

L'arc de 1° de la circonférence
est 60 fois plus grand, ou. . . . $60 \times 60 \times TS$

Et la circonférence entière a
pour longueur. . . . . $360 \times 60 \times 60 \times TS$

On aura donc le rayon en divisant par deux fois le nombre 3,1416, ce qui donne 206265 × TS.

Ainsi, la distance demandée est égale à 206265 fois celle qui nous sépare du Soleil.

— C'est bien cela, ajoutai-je; mais il est probable que vous ne vous faites pas une idée de la grandeur de ce nombre. Calculons ensemble combien la lumière, qui cependant, vous le savez, parcourt 77000 lieues par seconde, mettrait de temps pour franchir cet espace : pour cela multiplions 206265 par 37000000, nous aurons la distance, exprimée en lieues, 7631805000000 de lieues; divisons ce nombre par 77000, cela nous donnera le temps que nous cherchons en secondes; divisons ensuite par 60, puis par 60, puis par 24 et enfin par 365, et nous l'exprimerons en années; nous trouverons ainsi qu'il faudrait à la lumière, pour venir de cet astre à la Terre, 3 ans,1! Eh bien, l'étoile la plus rapprochée de nous, α du Centaure, a une parallaxe annuelle plus faible, 0″,91; aussi sa distance est encore plus grande, et la lumière met 3 ans,6 pour venir de cette étoile à nous; cet astre pourrait ne plus exister depuis 3 ans,6, et nous le verrions encore! Sirius, la Polaire, la Chèvre, dont les parallaxes sont bien plus petites encore, sont tellement loin de nous, que leur lumière ne nous parvient qu'après 22 ans, 30 ans, 65 ans!

Il suit de là que nous n'observons, à un moment donné, que l'état passé du ciel; toutefois vous remarquerez que comme les astres conservent toujours sensiblement leurs mêmes positions respectives, il faut, ou bien qu'ils ne se déplacent pas, ou qu'en raison de leurs immenses distances leurs mouvements soient tellement lents que ces corps paraissent immobiles. J'ajoute que cette dernière supposition s'applique à un grand nombre d'étoiles dont le mouvement propre a été parfaitement constaté; notre Soleil lui-même est, il paraît, animé d'un mouvement qui l'entraîne, avec tout son cortége de planètes, vers la constellation d'Hercule.

— Mais alors, c'est donc à tort que nous donnons aux astres le nom d'*étoiles fixes*?

— Sans doute, répondis-je; elles ne le sont pas dans le sens absolu du mot. Cependant leurs déplacements sont si petits, si difficiles à saisir que nous pouvons conserver cette qualification, quoiqu'elle ne soit pas mathématiquement exacte. Sir John Herschell cite, comme exemple d'étoiles qui ont un mouvement propre de translation, les deux étoiles qui constituent la 61me du Cygne; elles sont, dit-il, presque égales entre elles, et elles n'ont pas cessé, au moins depuis cinquante ans, de rester à une distance l'une de l'autre sensiblement la même et égale à 15″; néanmoins elles se sont déplacées sur le ciel de 4′ 23″ dans cet intervalle de temps, le mouvement propre annuel de chacune d'elles étant de 5″,3, ou de plus du tiers de la distance qui les sépare. Cette vitesse est celle avec laquelle le système des deux étoiles est entraîné le long d'une orbite inconnue, d'un mouvement que l'on peut regarder pendant plusieurs siècles comme rectiligne et uniforme. D'autres étoiles constituent des couples dans lesquels l'un de ces corps tourne autour de l'autre en obéissant aux lois de la gravitation universelle. Sir W. Herschell avait observé qu'une foule d'étoiles, qui à l'œil nu paraissent simples, se résolvent en deux quand on les examine au télescope; il en avait compté plus de cinq cents; après lui M. Struve et d'autres observateurs en ont encore considérablement accru le nombre et l'ont élevé à plus de trois mille. On a pu croire d'abord que les *étoiles doubles* n'avaient entre elles aucun lien, mais qu'étant sensiblement en ligne droite avec la Terre, leur extrême rapprochement n'était dû qu'à un effet de perspective. Mais il fallut bientôt abandonner cette explication, du moins pour un certain nombre d'entre elles. Sir William Herschell annonça, en effet, dans deux mémoires insérés parmi les transactions de la Société royale, qu'il existe des systèmes stellaires formés de deux étoiles tournant l'une autour de l'autre dans des orbes réguliers, et il les appela *étoiles binaires* pour les distinguer des étoiles doubles, dont le rapprochement pourrait être purement optique et fortuit. Cette intéressante étude a été continuée par plusieurs observateurs; mais M. Savary est allé encore plus loin, et en appliquant les lois de Képler à une étoile double (ξ de la Grande-Ourse), il est arrivé à déterminer le temps de la révolution, la forme de l'ellipse décrite, enfin tous les éléments de son mouvement. Il a trouvé que la durée de la révolution est de 61 ans, 6 dixièmes, que le demi-grand axe de l'ellipse est de 2″,44 et l'excentricité 0,43; les deux étoiles composantes sont de quatrième et cinquième grandeur. En appliquant la même méthode, M. Yvon Villarceau, astronome de l'Observatoire, a obtenu les éléments des orbites de quelques autres étoiles doubles; sans vous en donner le tableau, je veux cependant vous citer la fameuse étoile α du Centaure dont je vous ai déjà parlé : elle est composée de deux belles étoiles, l'une de première et l'autre de seconde grandeur; la durée de la révolution est de 78 ans, 5 dixièmes; le demi-grand axe de l'orbite est 12″,13 et l'excentricité 0,72.

— Qu'appelez-vous donc grandeur d'une étoile? me demanda Albert.

— Les astronomes classent les étoiles d'après leur éclat apparent ou leur grandeur. Cette dernière expression est impropre, car il n'y a évidemment aucun rapport entre la grosseur d'un astre et son éclat, les plus brillants ne sont pas nécessairement les plus gros; elle est cependant généralement employée : ainsi les étoiles les plus brillantes sont dites de première grandeur, celles qui sont un peu moins éclatantes sont de seconde grandeur, et ainsi de suite. Les étoiles des six premières grandeurs sont visibles à l'œil nu; les autres sont télescopiques; il y a environ 5000 étoiles de la première catégorie, mais 4000 seulement sont constamment ou passent chaque jour au-dessus de notre horizon.

Il ne faudrait pas croire que les étoiles conservent toujours le même éclat. Il en est même qui sont sujettes à des accroissements et diminutions périodiques d'éclat; on les nomme *étoiles périodiques*. Ainsi, d'après sir John Herschell, l'étoile omicron de la Baleine, signalée par Fabricius en 1596, paraît de seconde grandeur pendant quinze jours, puis elle décroît pendant trois mois environ, jusqu'à ce qu'elle devienne complétement invisible, l'espace d'à peu près cinq mois, après quoi son éclat va en croissant pendant les trois autres mois de sa période. Telle est en général la marche de ses phases; mais quelquefois elle ne reprend pas le même éclat ou ne suit pas les mêmes degrés d'accroissement et de décroissement. Hévélius rapporte même que, pendant les quatre années écoulées d'octobre 1672 à décembre 1676, elle ne parut pas du tout. Sir John Herschell cite aussi l'étoile Algol qui paraît de deuxième grandeur pendant deux jours et quatorze heures, puis tout d'un coup diminue d'éclat, et au bout de trois heures et demie est réduite à la quatrième grandeur. Elle recommence alors à croître pour reprendre après trois heures et demie son éclat habituel, l'étendue entière de la période étant d'environ deux jours vingt heures quarante-huit minutes. Ces alternatives d'éclat sont sans doute dues à l'interposition passagère et périodique entre ces étoiles et nous de corps opaques et obscurs, d'énormes planètes de ces astres lointains.

Il y en a même qui ont apparu subitement, ont brillé d'un vif éclat et ont ensuite disparu tout d'un coup. Telle est celle de Tycho-Brahé de 1572; l'apparition de cette étoile fut, dit-on, si soudaine, que le célèbre astronome danois, retournant un soir (le 11 no-

18

vembre) de son observatoire chez lui, trouva, à sa grande surprise, un groupe de gens du peuple occupés à regarder la nouvelle étoile, que certainement il aurait aperçue si elle avait été visible une demi-heure auparavant. Elle était alors aussi brillante que Sirius, et elle continua de croître en éclat au point de surpasser celui de Jupiter en opposition, et d'être visible en plein midi. Elle commença à décroître en décembre de la même année, et au mois de mars 1574 elle avait entièrement disparu. Cette étoile n'est pas la seule qui ait présenté cette singularité, on cite encore plusieurs autres étoiles *temporaires*. Un curieux phénomène peut aussi se présenter : semblable à la flamme d'une bougie qui se meurt, la lumière de l'étoile s'éteint, puis se rallume pour disparaître à jamais. Ainsi l'étoile de troisième grandeur découverte par Anthelme, en 1670, dans la tête du Cygne, devint ensuite complétement invisible, se montra de nouveau, et, après avoir éprouvé en deux ans une ou deux singulières variations de lumière, finit par disparaître tout à fait et n'a jamais été vue depuis.

Ce que je viens de vous dire sur les étoiles doubles, périodiques et temporaires révèle dans les espaces célestes une très-grande activité et nous suggère l'idée d'un système grandiose et merveilleusement ordonné. Ces pensées sont parfaitement exprimées par sir John Herschell dans la page que je vais vous lire : « A quel dessein pensons-nous que ces corps magnifiques aient été dispersés dans les abîmes de l'espace? Ce n'est sans

doute pas pour éclairer nos nuits (but qui aurait été
mieux atteint en donnant à la Terre une Lune de plus,
eût-elle dû être mille fois plus petite que celle qui lui
sert effectivement de satellite), ni pour briller comme
un vain spectacle, vide de sens ou de réalité, ou pour
nous embarrasser dans d'inutiles conjectures. Nous en
tirons parti, il est vrai, comme de points fixes ou per-
manents auxquels nous rapportons les autres objets;
mais il faudrait avoir étudié l'astronomie avec un esprit
bien étroit, pour s'imaginer que l'homme soit l'unique
objet des soins du Créateur, et pour ne pas voir, dans
ce vaste et admirable appareil qui nous entoure, un
plan qui se rapporte à d'autres races d'êtres animés.
Les planètes tirent, comme nous l'avons vu, leur lumière du Soleil, mais ce ne peut être le cas pour les
étoiles. Celles-ci, sans aucun doute, sont elles-mêmes
des soleils, et peut-être, chacun dans leur sphère, les
centres autour desquels circulent d'autres planètes ou
d'autres corps dont nous ne saurions avoir d'idée, parce
qu'ils n'ont point d'analogues dans notre système planétaire. »

— Pourriez-vous m'apprendre à reconnaître les étoiles? me demanda mon élève.

— Les anciens, répondis-je, ont eu l'heureuse idée
de les ranger par groupes appelés constellations, et
leur imagination leur prêtait des formes d'hommes,
d'animaux, d'objets de diverses natures, qui servaient
à les dénommer. Si vous voulez, je vais vous apprendre à distinguer les constellations les plus remarqua-

bles visibles à Paris, en vous indiquant quelques alignements qui permettent de les retrouver facilement. Si vous vous tournez du côté du nord, vous apercevrez la constellation de la Grande-Ourse, composée de sept étoiles secondaires, dont quatre forment un trapèze et les trois autres un arc convexe vers le pôle.

Prolongez la ligne αβ des gardes de la Grande-Ourse d'une quantité égale à cinq fois sa longueur, vous tomberez sur la Polaire. Cette étoile de seconde grandeur est la dernière de la queue de la Petite-Ourse. Cette constellation est composée, comme la précédente, de sept étoiles présentant la même forme, mais d'un très-faible éclat et disposées en sens inverse. La Polaire, et c'est ce qui lui a fait donner ce nom, n'est qu'à 1°,28 du pôle.

Entre les deux Ourses serpente le Dragon, longue file d'étoiles peu brillantes, formant une courbe qui se replie deux fois sur elle-même; sa tête, composée de quatre étoiles tertiaires, est voisine de la Lyre.

En prolongeant la ligne des gardes de la Grande-Ourse au delà de la Polaire, on trouve Céphée, qui se compose de trois étoiles tertiaires formant un arc convexe vers le pôle.

Suivant toujours le même alignement, on rencontre Cassiopée, qui affecte la forme d'un Y.

Enfin, en le prolongeant encore, on arrive au grand quadrilatère de Pégase. Le carré de la Grande-Ourse et celui de Pégase sont de part et d'autre du pôle et viennent passer au méridien à douze heures environ d'intervalle.

La diagonale αα de Pégase prolongée vers l'Orient
rencontre deux autres étoiles assez belles. La ligne αβγ

Fig. 91.

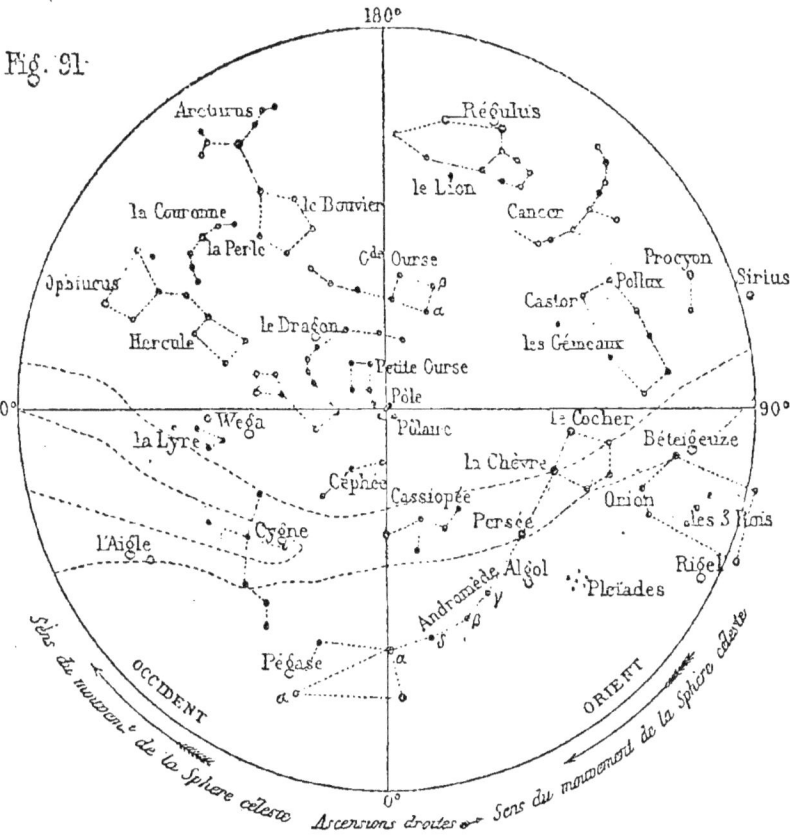

s'appelle Andromède. Son prolongement passe par la
luisante de Persée.

Un peu avant Persée, mais plus vers le midi, se

18.

trouve Algol, étoile périodique dont je viens de vous parler.

On doit aussi remarquer à côté d'Algol un groupe de six à sept étoiles très-serrées. Ce sont les Pléiades.

L'arc de Persée conduit au Cocher, grand pentagone un peu irrégulier, qui contient la Chèvre, très-belle étoile jaune de première grandeur.

— Je ne savais pas qu'il y eût des étoiles colorées.

— Les étoiles sont, en effet, ordinairement blanches; cependant quelques-unes, comme la Chèvre, la Polaire, Procyon et Ataïr de l'Aigle, sont jaunes; d'autres sont rouges : Bételgeuze et Arcturus; quelques-unes sont vertes comme Castor; enfin il en est aussi de bleues comme η de la Lyre.

Ces colorations sont probablement dues à des différences dans la constitution chimique de ces corps. Le P. Secchi a soumis à l'analyse spectrale un très-grand nombre d'étoiles et a été conduit à les ranger en trois types principaux : 1° les étoiles blanches qui, comme Sirius, présentent trois grosses raies très-larges, l'une dans le bleu, les deux autres dans le violet; cette classe comprend à peu près la moitié des étoiles du Ciel; 2° les étoiles à raies fines analogues à notre Soleil; les étoiles jaunes, la Chèvre, par exemple, appartiennent à cette catégorie; 3° celles dont le spectre est à zones claires, larges et fortes, au nombre de six ou sept, séparées par des raies noires et des intervalles semi-obscurs ou nébuleux; ces étoiles sont généralement jaunes foncées ou rouges.

J'ajouterai enfin que les étoiles doubles sont souvent colorées en vert et en bleu.

Je reviens maintenant à la description du Ciel. Nous en étions au Cocher; au midi de cette constellation, on voit Orion, remarquable par son étendue et son éclat; elle a la forme d'un grand rectangle dont deux sommets sont des étoiles de première grandeur, Bételgeuze ou l'épaule droite, et Rigel ou le pied gauche. Au milieu se trouvent trois secondaires en ligne droite, les trois Rois ou le Baudrier.

A l'orient du Cocher, on remarque un parallélogramme allongé :.c'est la constellation des Gémeaux, qui offre deux belles étoiles, Castor et Pollux.

Au midi des Gémeaux se trouvent deux belles étoiles primaires : Procyon, qui appartient au Petit-Chien, et Sirius, l'une des étoiles du Grand-Chien.

La ligne des gardes de la Grande-Ourse, prolongée de l'autre côté du pôle, traverse le Lion, qui forme un trapèze où l'on remarque la primaire Régulus.

Entre le Lion et les Gémeaux, on trouve le Cancer.

Sur le prolongement de la queue de la Grande-Ourse est situé le Bouvier, qui contient la belle étoile primaire Arcturus.

A l'orient du Bouvier, on voit un arc de cercle composé de sept étoiles, dont l'une, la Perle, est secondaire; cette constellation est la Couronne boréale.

Au midi de la tête du Dragon, on rencontre la grande constellation d'Hercule, où se trouve la primaire Ophiucus.

La Lyre est remarquable par la primaire Wéga.

Le Cygne, qui a la forme d'une croix, est à l'orient de la Lyre.

Enfin, au midi de cette dernière, on voit l'Aigle avec sa belle primaire Ataïr.

J'abandonne les étoiles proprement dites pour vous parler des nébuleuses et en particulier de la Voie lactée; ce sera la fin de ces entretiens que vous m'aviez demandés; je souhaite qu'ils vous aient donné une idée nette de la constitution de l'Univers.

— Je vous en remercie sincèrement, dit Albert, et, ajouta-t-il en riant, je dois bien aussi des remercîments au Ciel, qui fut heureusement assez pur le soir où nous parlâmes de la Voie lactée, puisque c'est cette causerie qui a provoqué les bonnes leçons que vous avez bien voulu me faire.

— La *Voie lactée*, continuai-je, est une bande blanchâtre, laiteuse, qui couvre Persée, Cassiopée et se bifurque au Cygne en deux branches qui vont se rejoindre dans l'hémisphère austral; c'est une nébuleuse que le télescope résout en étoiles, c'est un amas d'étoiles serrées et fort petites que l'on distingue fort bien au télescope. Voulez-vous savoir le nombre de ces astres? Sir William Herschell a *jaugé* la Voie lactée en dirigeant vers elle une lunette dont le champ n'embrassait que 15′ de diamètre. Eh bien, il a vu passer pendant le court intervalle d'une heure, dans une zone de 2° de largeur, plus de cinquante mille Soleils, et en étendant ces résultats à toute la Voie lactée, il est arrivé au

nombre prodigieux de dix-huit millions! Quelle est la
forme de cet amas d'étoiles? L'habile astronome anglais
l'a déduite de ces nombreuses observations : c'est une
couche, une *strate*, d'une faible épaisseur relativement
à son étendue, qui se bifurque en deux lames inclinées

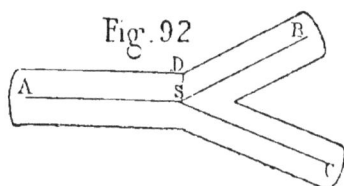

Fig. 92

d'un petit angle l'une sur l'autre; le Soleil, avec ses
planètes, est situé près du point de bifurcation à peu
près au milieu de l'épaisseur en S, de sorte que dans
les trois directions SA, SB, SC, l'œil rencontre un bien
plus grand nombre d'étoiles que dans les autres. Quant
à l'étendue de cette couche d'astres, elle serait de sept
à huit cents fois la distance de Sirius au Soleil ; or, cette
dernière est égale à 1 373 000 fois le rayon de l'orbite
terrestre, lequel est de 37 000 000 de lieues; faites les
multiplications et vous trouverez 40 000 000 000 000 000
de lieues environ !!

Habitués à évaluer d'insignifiantes longueurs sur
notre infime grain de poussière, notre esprit est con-
fondu devant des nombres aussi considérables; plus il
avance, plus l'horizon s'agrandit devant lui; il espère
atteindre les limites de l'espace et il est devant l'infini.

« Au delà des derniers Soleils qu'il nous est permis d'apercevoir, dit M. Jean Reynaud, il y a encore des Soleils et des Soleils! Notre force visuelle ne peut éprouver un peu d'accroissement que le nombre des astres nouveaux qui s'offrent à nous ne l'emporte sur le nombre des astres que nous découvrions auparavant; les millions s'accumulent sur les millions, et l'induction nous entraîne à conclure que la multitude deviendrait infinie, si notre vue était capable d'aller à l'infini. Ce n'est pas dans l'Univers que sont les bornes, c'est en nous; notre imperfection seule les cause. »

Vous pensez peut-être, mon cher Albert, que nous sommes arrivés au but de notre course, que notre voyage au travers des champs de l'espace est accompli; quel sera votre étonnement quand je vous dirai que nous n'avons encore visité qu'une *île* de l'Univers, en employant l'heureuse expression de Humboldt; nous n'avons exploré qu'une seule nébuleuse, celle à laquelle nous appartenons; nous y avons vu, il est vrai, des millions de Soleils, parmi lesquels le nôtre, avec son cortége de planètes, occupe une place bien mesquine; mais quelle idée vous ferez-vous de la création quand vous apprendrez que le télescope a fait découvrir plus de cinq mille nébuleuses, et que probablement il en est bien d'autres encore qu'il n'a pu atteindre! Ces *nébuleuses*[1] sont des taches blanches, laiteuses, dissé-

---

1. C'est peu; montons encore. D'autres cieux fécondés
   Sont, par delà nos cieux, d'étoiles inondés.

minées sur la surface céleste. Quelques-unes sont des
amas d'étoiles faciles à discerner au moyen de puissantes lunettes; d'autres sont résolubles, c'est-à-dire
qu'on les soupçonne d'être, elles aussi, formées par des
agglomérations d'étoiles; d'autres enfin paraissent com-
posées d'une matière que sir W. Herschell appelle cosmique, c'est-à-dire génératrice des mondes.

« Sous quelque point de vue qu'on envisage les nébuleuses, dit son fils sir John Herschell, elles offrent
un champ inépuisable de spéculations et de conjectures. On ne saurait douter qu'elles ne soient, pour la
plupart, formées par une agglomération d'étoiles; et

> Franchissant notre azur, mon hardi télescope
> De notre amas stellaire a percé l'enveloppe,
> Hors de ce tourbillon monstrueux de soleils
> J'ai vu l'infini plein de tourbillons pareils ;
> Oui, dans ces gouffres bleus, dans ces profondeurs sombres
> Dont la distance échappe au langage des nombres,
> Il est, je les ai vus, des *nuages laiteux*,
> Des gouttes de lumière aux rayons si douteux,
> Qu'un ver luisant caché dans l'herbe de nos routes
> Jette assez de lueur pour les éclipser toutes ;
> Le cristal, abordant ces archipels lointains,
> Résout leur blancheur vague en mille astres distincts,
> Puis entrevoit encore, ascension sans borne !
> D'autres fourmillements dans l'immensité morne.
> Et quand le télescope étant vaincu, mon œil,
> Du vide et de la nuit croit atteindre le seuil,
> Au regard impuissant succède la pensée
> Qui, d'espace en espace éperdument lancée,
> Ne cesse de sonder l'infini lumineux
> Que prise, en le sondant, d'effroi vertigineux.
>
> (PONSARD, *Galilée*, drame.)

l'imagination se perd dans cette série interminable qu'elle entrevoit de systèmes qui se groupent pour former d'autres systèmes, de firmaments qui composent d'autres firmaments. D'autre part, s'il est vrai (ce qui semble au moins extrêmement probable) qu'une matière lumineuse et phosphorescente existe disséminée dans l'immensité de l'espace, à la manière d'un nuage ou d'un brouillard, tantôt revêtant des formes capricieuses, comme les nuages véritables chassés par les vents, tantôt se concentrant autour de certaines étoiles à la manière des atmosphères des comètes; nous devons naturellement demander quelles sont la nature et la destination de cette matière nébuleuse? Est-elle absorbée par les étoiles dans le voisinage desquelles elle se trouve et leur fournit-elle, en se condensant, un supplément de chaleur et de lumière? Se ramasse-t-elle par une concentration progressive due à la gravitation, de manière à fonder de nouveaux systèmes stellaires ou des étoiles isolées? »

L'illustre Laplace a développé cette dernière conception en proposant son ingénieuse genèse de notre monde solaire. Qu'on imagine une nébuleuse incandescente, animée d'un mouvement de rotation très-rapide et s'étendant circulairement du centre actuel du Soleil bien au delà de tout notre système planétaire. Par le rayonnement de sa chaleur à travers les espaces célestes, sa surface a dû éprouver, au bout d'un certain temps, une énorme condensation, et par suite, ce que prouve le calcul, une grande augmentation de

vitesse ; la force centrifuge due à ce mouvement est
donc devenue plus grande et n'a plus été contre-ba-

Fig. 93

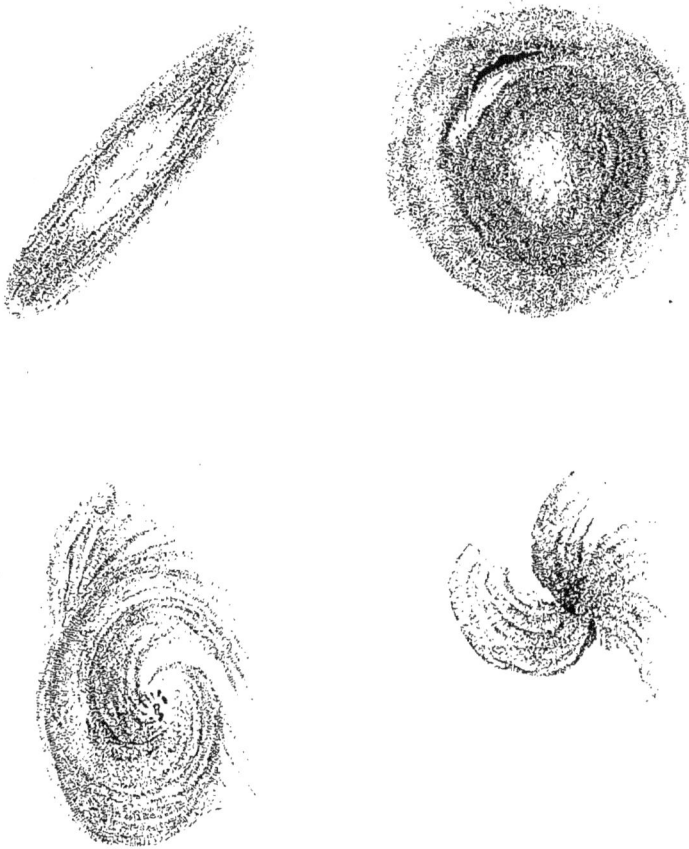

lancée par la pesanteur, qui ne lui fut égale que pour
des points plus rapprochés du centre. De là abandon

d'un anneau, qui lui-même fut évidemment suivi de plusieurs autres, au fur et à mesure que la condensation s'opérait. Enfin ces anneaux, qui avaient la même vitesse de rotation que le corps central, se sont brisés et roulés en sphères; ils ont ainsi produit des planètes qui elles-mêmes ont pu, à leur tour, donner naissance à des satellites ou seulement à des anneaux comme ceux qu'offre Saturne.

L'expérience de M. Plateau, que je vous ai déjà décrite, corrobore parfaitement cette théorie. Vous savez que la petite bulle d'huile présentait un aplatissement aux pôles bien accusé quand on lui imprimait un mouvement de rotation assez rapide; eh bien, quand on donne à l'axe un mouvement plus rapide encore, le sphéroïde diminue de grosseur, mais il se forme autour de lui un anneau non adhérent situé à peu près dans le plan de l'équateur, tournant dans le même sens et avec la même vitesse que le globule central. Il y a plus, une vitesse encore plus grande de l'axe de rotation détermine la rupture de l'anneau et son roulement en une sphère tournant autour du sphéroïde.

Voilà comment, d'après Laplace, aurait commencé notre système solaire, et si vous désirez apprendre comment il finira, nous n'avons qu'à lire la conclusion du beau travail de M. Faye sur la constitution physique du Soleil et nous aurons le mot de l'énigme : « Le caractère essentiel de ma théorie est de rattacher la phase solaire à la phase initiale, celle des nébuleuses que Laplace a prise pour point de départ du système solaire, et à la phase finale de l'extinction (les étoiles disparues, le globe terrestre, les planètes, etc.). Telle serait l'évolution complète des grands amas de matière qui dissipent peu à peu dans l'espace leur énergie par voie de radiation lumineuse et calorifique. Elle nous fait envisager, non comme prochaine assurément, mais comme inévitable, la fin du Soleil lui même, qui, après avoir brillé d'un éclat égal pendant des millions d'années, finira par s'éteindre. C'est en considérant cette phase finale qu'on peut se rendre compte du rôle énorme que le Soleil joue dans notre monde solaire, en dehors des actions mécaniques dues à l'attraction invariable des masses. Quand la circulation interne qui alimente la photosphère et régularise sa radiation en y faisant participer l'énorme masse du Soleil presque entière viendra à se ralentir, puis à cesser, la vie végétale et animale, qui aura commencé depuis longtemps à se resserrer vers l'équateur, disparaîtra entièrement de notre globe. Réduit aux faibles radiations stellaires, il sera envahi par le froid et les ténèbres de l'espace ; les mouvements continuels de l'atmosphère feront place à un calme complet; les derniers nuages auront répandu sur la Terre leurs dernières pluies; les ruisseaux, les rivières et les fleuves cesseront de ramener à la mer les eaux que la radiation solaire lui enlevait incessamment. La mer, elle-même, entièrement gelée, cessera d'obéir aux mouvements des marées; la Terre n'aura plus d'autre lumière propre que celle des étoiles filantes qui continueront à pénétrer dans l'atmosphère et à s'y enflammer. Peut-être les alternatives qu'on observe dans les étoiles au commencement de leur phase d'extinction se produiront-elles dans le Soleil; peut-être le développement de chaleur dû à quelque affaissement de la masse solaire rendra-t-il un instant à cet astre sa splendeur première; mais il ne tardera pas à s'affaiblir et à s'éteindre une seconde fois, comme les étoiles fameuses du Cygne, du Serpentaire, et dernièrement encore de la Couronne. Quant au reste de notre petit monde, planètes et comètes partageront le sort de la Terre, tout en continuant à circuler suivant les mêmes lois autour du Soleil éteint; seulement la force répulsive du Soleil ayant disparu, les comètes n'auront plus de queues.

« Si, dans la suite des âges, certains événements, impossibles à prévoir, venaient à mettre ce système éteint en conflit avec d'autres corps, actuellement séparés de nous par d'énormes distances, de manière à remettre en jeu, sous une nouvelle forme, l'énergie qu'il possède encore, en vertu de son mouvement de translation, ses matériaux s'engageraient dans d'autres combinaisons sans rapport avec l'état actuel.

« Tel est, pour qui n'envisage dans l'Univers que la matière et les forces brutes, le sort qui nous attend, conclusion moins riante mais plus sûre que l'incorruptibilité des cieux.

« Mais si, reculant devant cette froide perspective, nous revenons à l'état actuel de notre monde si merveilleusement vivifié par notre Soleil, nous ne saurions assez admirer l'harmonieuse simplicité des moyens que l'Auteur de toutes choses a mis en jeu pour produire autour de nous, comme le disait Képler, le mouvement et la vie, l'ordre et la beauté.

FIN.

19.

TABLE

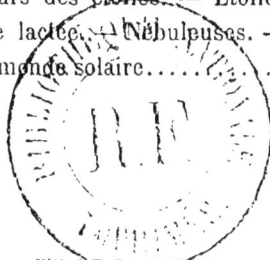

FIN DE LA TABLE.

PARIS. — TYPOGRAPHIE LAHURE
19370. — 9, rue de Fleurus, 9

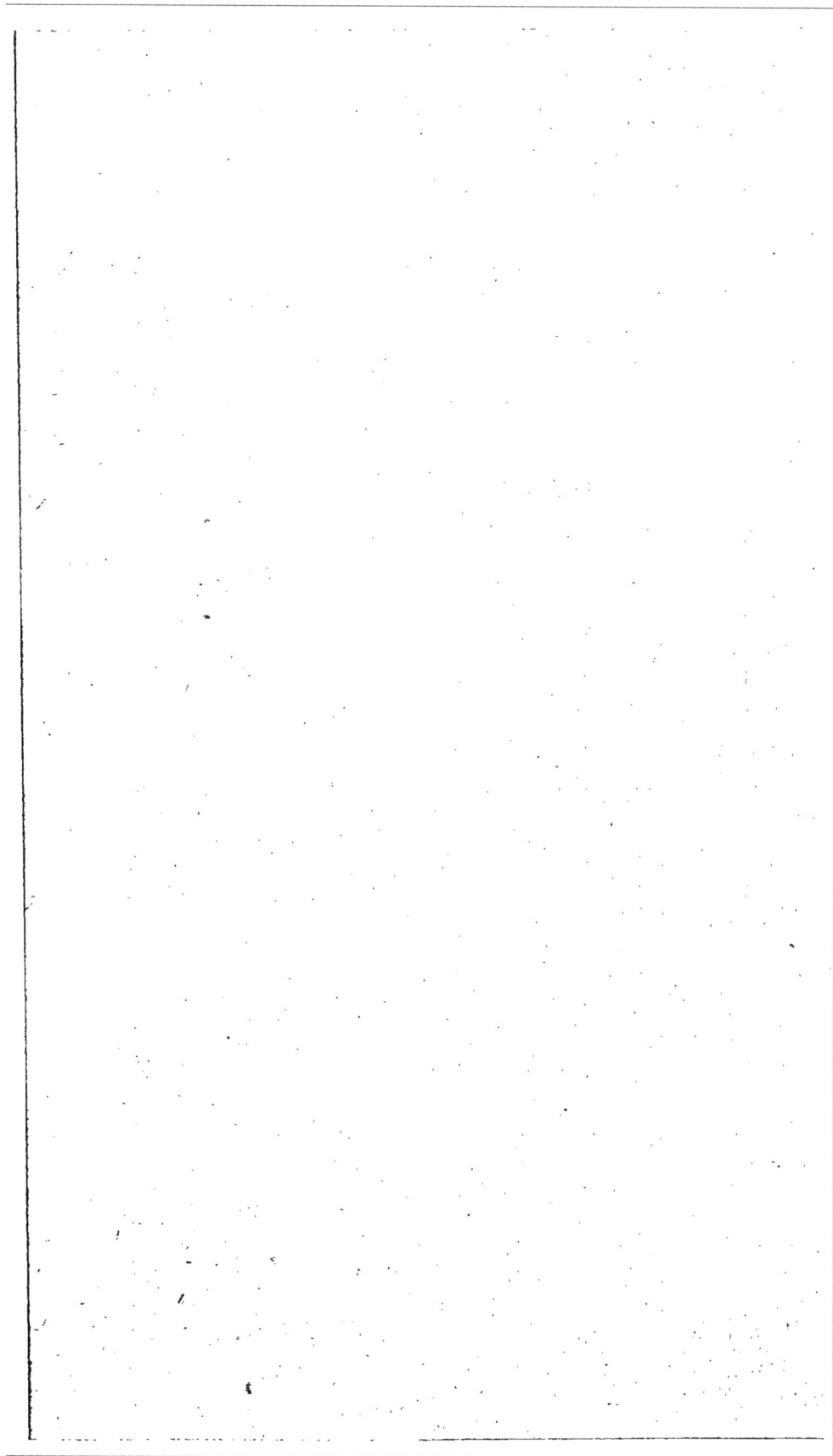

LIBRAIRIE J. HETZEL ET Cᵉ, 18, RUE JACOB

BIBLIOTHÈQUE D'ÉDUCATION ET DE RÉCRÉATION

VOLUMES IN-18

Brochés, **3 fr.** — Cartonnés toile, tranches dorées, **4 fr.**

SÉRIE DES VOLUMES IN-18, AVEC GRAVURES

Brochés, **3 fr. 50.** — Cartonnés, tr. dorées, **4 fr. 50**

SÉRIE IN-18. — PRIX DIVERS

Paris. — Imp. Gauthier-Villars.

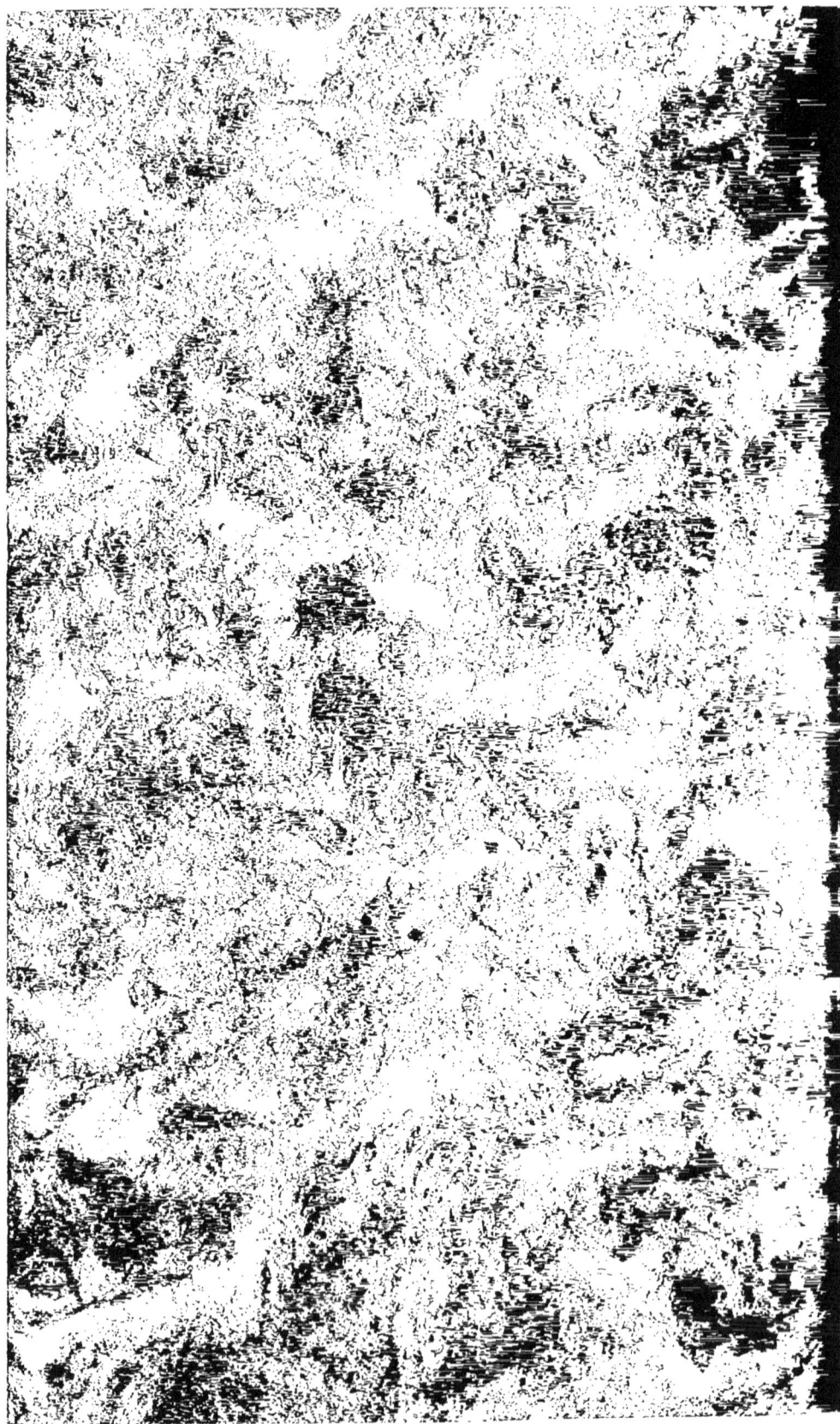

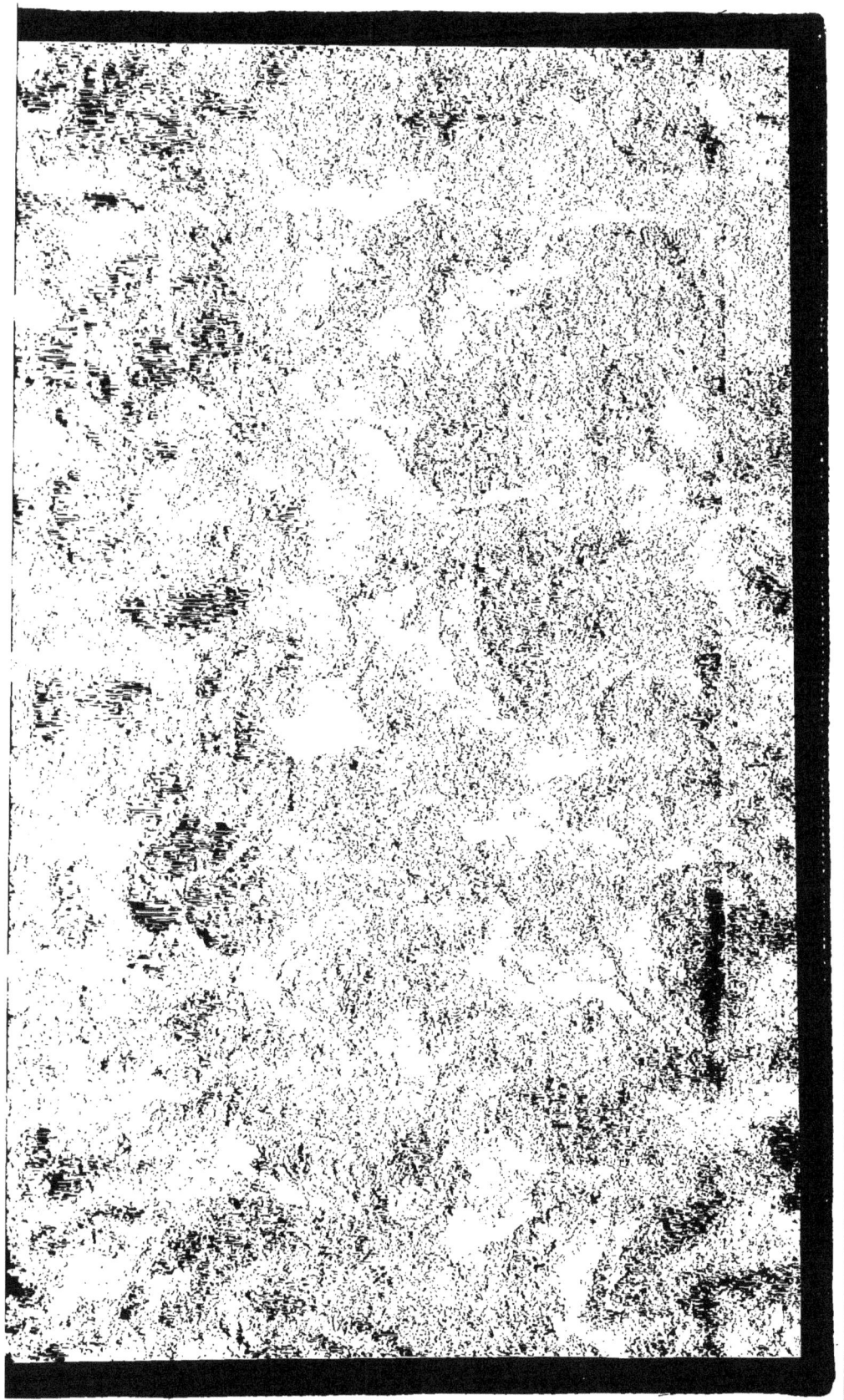

www.ingramcontent.com/pod-product-compliance
Lightning Source LLC
Chambersburg PA
CBHW060121200326
41518CB00008B/892